상상에서 제작까지

척척 로봇 공작소

상상에서 제작까지 척척 로봇 공작소

초판 인쇄 2024년 12월 01일
초판 발행 2024년 12월 10일

글 전승민 | 그림 김종이 | 감수·추천 한재권 | 펴낸이 이재일
책임 편집 박선영 | **디자인** 호곰
편집·디자인 한귀숙, 김채은, 진원지, 고은하, 김유진 | 제작·마케팅 강백산, 강지연
펴낸곳 토토북 | 출판등록 2002년 5월 30일 제10-2394호
주소 서울시 마포구 잔다리로7길 19, 명보빌딩 3층
전화 02-332-6255 | 팩스 02-6919-2854
홈페이지 www.totobook.com | 전자우편 totobooks@hanmail.net
인스타그램 totobook_tam

ISBN 978-89-6496-522-1 73550

KC 제품명: 상상에서 제작까지 척척 로봇 공작소 | 제조자명: 토토북 | 제조국명: 대한민국 | 전화: 02-332-6255
주소: 서울시 마포구 잔다리로7길 19, 3층(서교동, 명보빌딩) | 제조일: 2024년 12월 10일 | 사용 연령: 10세 이상
* KC 인증 유형: 공급자 적합성 확인 * KC마크는 이 제품이 공통안전기준에 적합하였음을 의미합니다.
⚠주의 아이들이 책을 입에 대거나 모서리에 다치지 않게 주의하세요.

상상에서 제작까지

척척 로봇 공작소

전승민 글 ✳ 김종이 그림

한재권(한양대학교 ERICA 로봇 공학과 교수) 감수·추천

로봇을 잘 이해할 수 있는
가장 좋은 방법

저는 원래 '과학 전문 기자'였습니다. 그런데 이상하게 저를 보고 '로봇 전문 기자'라고 불러 주는 사람이 더 많은 것 같습니다. 아마 로봇에 많은 관심을 갖고 관련 기사들을 자주 썼기 때문이라 생각합니다. 특히 한국과학기술원(KAIST)에서 개발한 인간형 로봇 '휴보' 등에 대한 정보는 아마도 제가 가장 많이 갖고 있을 것 같습니다. 덕분에 이렇게 모은 정보들을 갈무리하여 로봇과 관련된 책도 여러 권 출간할 수 있었지요. 현재는 직함이 '편집장'이라 현장 취재를 많이 나가지 못합니다만, 여전히 로봇 기술 동향을 꾸준히 파악하고, 또 공부하고 있답니다.

지금 시대를 가리켜 '4차 산업 혁명 시대'라고 합니다. 인공 지능(AI)과 로봇이 하나로 합쳐지며 세상에 새로운 변화를 일으키고 있기 때문이지요. 그런데 한 가지 아쉬운 점은, 많은 사람들이 인공 지능에 대해서는 큰 관심을 갖는 것에 비해, 로봇 기술에 대해서는 그리 중요하게 생각하지 않는 점입니다. 영화나 만화 속 로봇과 달리, 실제 로봇은 성능이 부족해 아직 쓸모가 없거나 혹은 장난감 같은 것이라고 생각하는 사람들이 많은 것 같습니다. 하지만 로봇은 인공 지능 만큼이나 세상을 바꿀 만한 큰 힘이 있습니다. 인공 지능은 '로봇의 두뇌'가 될 수 있지요. 사람의 말을 알아듣고, 다양한 상황에서 적절한 판단을 하고 움직이는 로봇이 등장한다면 세상은 엄청나게 변화할 것입니다. 결국 로봇에 대해 잘 아는 것이 미래를 대비하는 가장 중요한 조건 중 하나가 될 수 있겠지요.

그렇다면 어떻게 해야 로봇을 가장 잘 이해할 수 있을까요? 바로 로봇을 직접 만들어 보는 것입니다. 물론 어린이 여러분이 직접 로봇을 만들면서 로봇을 이해한다는 것은 사실 시간이 오래 걸리고 힘든 일입니다. 성능이 아주 뛰어난 로봇을 개발하려면 박사 학위를 가진 경험 많은 전문가 여러 사람이 몇 달, 혹은 몇 년 넘게 매진해야 가능한 일이니까요.

그래서 이 책을 쓰게 되었습니다. 이 책은 어린이를 위한 '로봇 기술 안내서'입니다. 로봇 중에서도 가장 개발이 어려운 '인간형 로봇'의 제작 과정을 최대한 알기 쉽게 풀이했지요. 로봇을 만드는 전체적인 순서와 내용을 따라가다 보면, 자연스럽게 로봇에 대한 이해가 높아질 것입니다. 로봇을 잘 아는 것은 세상을 바꿀 첨단 기술을 이해하고, 시대의 흐름을 예측하는 바탕이 되어 준답니다.

로봇에 대한 깊은 관심과 호기심을 놓지 않는다면 언젠가는 여러분도 멋진 로봇을 척척 개발하는 대단한 로봇 공학자가 될 수도 있을 겁니다. 먼 훗날, 여러분 중에서 "저는 『상상에서 제작까지 척척 로봇 공작소』라는 책을 읽고 로봇 공학자가 되었습니다."라고 말하는 사람이 한 사람이라도 나온다면, 정말로 기쁠 것 같습니다.

2024년 11월의 어느 날, 경기도의 작은 작업실에서
전승민 드림

차 례

작가의 말   4

⓪ 로봇을 만들고 싶어!

- **로봇이 필요해**   10
  로봇은 이렇게 만들어 [김 박사의 로봇 코칭]   13

1 로봇 바로 알기

- **로봇이 뭐야?**   16
  진짜 로봇을 찾아라! [똑똑 로봇 교실]   18
- **로봇의 분류**   20
- **나에게 필요한 로봇은?**   24
  세계의 휴머노이드 [아하! 로봇 상식]   27
  코로나 시대, 로봇의 재발견 [아하! 로봇 상식]   30

2 로봇 설계하기

- **로봇의 구성**   34
- **로봇의 동력 장치**   38
  척척 로봇 손 [아하! 로봇 상식]   41
  로봇의 이동법 [아하! 로봇 상식]   42

• 로봇의 형태   44

     동물을 닮은 생체 모방 로봇 **아하! 로봇 상식**   46

• 로봇의 전기 장치   48

• 로봇의 감각 기관   50

• 로봇 설계도 그리기   52

     로봇 사양 정하기 **똑똑 로봇 교실**   54

③ 로봇 제작하기

• 로봇의 부품들   58

• 로봇 제어법   62

     순서도 기호 알아보기 **아하! 로봇 상식**   65

• 로봇을 똑똑하게 만드는 기술   66

     투투를 위한 조건문 만들기 **똑똑 로봇 교실**   68

• 인공 지능 로봇이란?   72

     사람을 뛰어넘는 로봇이 등장할까? **아하! 로봇 상식**   74

• 두 발로 걷는 로봇   76

• 로봇 테스트하기   80

     도전, 세계 로봇 대회! **아하! 로봇 상식**   82

     로봇과 함께할 일상 **아하! 로봇 상식**   84

• 로봇 투투를 소개합니다!   86

찾아보기   90

사진 출처   95

0

×　×　×

로봇을
만들고 싶어!

로봇이 필요해

✿✱✿◇✱✿

토토는 로봇을 좋아해요. 커서 삼촌처럼 로봇 공학자가 되는 것이 꿈이에요.

어젯밤에도 엄마 몰래 늦게까지 로봇 동영상을 보느라 그만 늦잠을 잤어요. 너무 졸려서 이불 밖으로 나가기가 싫었지요. 토토는 학교로 터덜터덜 걸어가면서 생각했답니다.

'나 대신 학교에 다녀 줄 사람이 있으면 얼마나 좋을까? 그러면 내가 하고 싶은 것만 하고, 늦잠도 실컷 잘 수 있을 텐데.'

문득 어젯밤 온라인 동영상에서 본 로봇이 생각났어요. 사람처럼 두 발로 걷고, 뛰고, 두 손으로 물건도 옮길 수 있는 로봇이었어요. 그래요. 토토를 대신해 줄 사람이 없다면 로봇이 대신 해 주면 되잖아요!

토토는 담임 선생님께 여쭈었어요.

"선생님. 유튜브에서 사람처럼 뛰고, 움직이는 로봇을 봤는데요. 그러면 만약에요. 저 대신 그런 로봇을 학교에 보내도 되나요?"

선생님은 토토의 속마음을 훤히 들여다보기라도 한 듯이 대답하셨어요.

"안타깝게도 아직 그런 로봇은 팔지 않는단다. 그러니까 토토의 생각대로 하기에는 어려울 거야."

"그러면 제가 정말 학교를 다니는 로봇을 만든다면요?"

선생님은 씨익 웃으며 다시 말씀하셨어요.

"토토를 대신해 학교에 다니려면 아주 똑똑하고 튼튼한 로봇이어야 할 거야. 수업도 잘 참여하고, 혼자 교실까지 걸어올 수도 있어야 해. 하지만 토토 혼자서 그런 어려운 로봇을 만들 수 있을까?"

선생님은 상냥하게 말씀해 주셨지만 토토는 무척 속이 상했어요.

토토는 로봇 공학자인 삼촌 김 박사에게 도움을 청하기로 마음먹었어요.

"삼촌, 로봇은 어떻게 만드는 거예요? 알려 주세요."

전화기 너머로 삼촌의 잠긴 목소리가 들려왔어요.

"뭐? 하암……. 로봇을 어떻게 만드냐고? 과정이야 간단하지. 만들 형태를 정하고, 설계하고, 테스트하고……."

"그렇게 간단하다고요? 그럼 저도 해 볼래요."

"토토야, 어떤 로봇을 만들고 싶은데? 로봇을 처음부터 만드는 건 사실 쉬운 게 아니야."

"선생님도, 엄마 아빠도, 친구들도 놀라게 할 로봇을 만들고 싶어요. 예를 들면 혼자 학교에 다닐 수 있는 로봇 말이에요. 삼촌이 도와주면 저도 만들 수 있지 않을까요?"

"음, 잠깐만. 지금 우리 연구실에서 진행하고 있는 로봇 프로젝트가 있거든. 너만 한 크기의 휴머노이드 로봇을 만들 계획인데 말이야. 그래, 어쩌면 우리가 서로 도움이 될지도 몰라!"

김 박사의 로봇 코칭

로봇은 이렇게 만들어

1단계 **만들고 싶은 로봇 정하기**

로봇을 만들 때 제일 먼저 생각해야 하는 것은 어떤 일을 시킬지 정하는 거야. 그래야 어울리는 생김새와 이동 방식 등 로봇에 필요한 능력을 찾아줄 수 있거든. 가장 좋은 방법은 이미 나와 있는 여러 로봇들을 많이 살펴보는 것이지. 세상에는 정말 다양한 종류의 로봇이 있으니까.

2단계 **로봇 설계하기**

어떤 로봇을 만들지 정했다면, 로봇의 구조를 정확하게 이해해야 해. 로봇을 만들 때 꼭 필요한 부품에는 어떤 것이 있는지도 찾아봐야 하지. 새롭게 개발하는 로봇이라면 부품도 직접 설계하고 만들어야 할 수도 있어. 아주 힘들고 어려운 일이지만 쉽게 포기하지 말자고!

3단계 **로봇 제작하고 테스트하기**

필요한 부품들을 마련하고, 설계에 따라 차근차근 조립해야 해. 그런 다음 로봇을 움직이게 할 컴퓨터 프로그램도 만들어야 하지. 로봇을 만들려면 '코딩'에도 고수가 되어야 한다고! 로봇을 다 만들었다면 처음에 구상했던 대로 잘 움직이는지, 혹시 잘못 만든 부분은 없는지, 예상치 못한 환경에서도 잘 작동하는지, 사람에게 위험한 부분은 없는지도 꼭 살펴봐야 해!

1
· × ×
· × ×

로봇 바로 알기

ROBOT

① —————
② —————
③ —————
④ —————

로봇이 뭐야?

◇ ✱ ✿ ✱ ◇

로봇이란 단어는 체코의 극작가 카렐 차페크가 처음 쓴 말에서 시작됐어요. 자신의 희극 작품에서 '로보타Robota'라는 용어를 만들어 냈는데, '노동, 고된 일'이라는 뜻이었지요. 이는 차차 '사람 대신 일하는 기계 장치'라는 뜻의 '로봇Robot'으로 쓰이게 되었어요. 그러니까 로봇은 단순하게 반복하는 일이나 위험도가 높은 작업을 사람 대신 하도록 만들어졌다고 할 수 있어요. 힘든 노동에서 벗어나 보다 편리하고 안락한 생활을 누리고 싶은 인간의 바람을 로봇에 담은 것이지요.

몸체가 있어

로봇의 몸체는 로봇의 기능과 성능을 결정 짓는 아주 중요한 요소예요. 로봇은 쓰임새에 따라 형태와 구조, 동력 장치, 이동 방식 등이 다 다르기 때문이에요. 이동 방식을 예로 들어 볼게요. 공장에서 반복적인 작업을 하는 로봇은 한 자리에서 일하는 경우가 많아서 바퀴나 다리가 필요 없어요. 반면에 돌아다니며 일을 하는 로봇은 알맞은 이동 장치가 있어야 해요. 평지를 빠르고 부드럽게 움직이려면 바퀴를, 거친 산속을 누비려면 무한궤도를, 계단을 오르

내리려면 다리를 다는 게 좋지요. 그래서 로봇을 제작하려면 먼저 어디에 쓸 것인지, 몸체는 어떤 형태로 만들지 고민해야 한답니다.

스스로 움직일 수 있어

로봇은 사람이 일일이 조작하지 않아도 알아서 움직여요. 로봇 속 컴퓨터가 주변을 살피고 상황을 판단한 뒤 명령을 내리면, 로봇 팔과 다리, 바퀴 등이 작동해 맡은 일을 하기 때문이지요. 마치 사람의 두뇌처럼요.

로봇이 잘 작동하려면 로봇 속 여러 부품과 장치들을 하나하나 제어하는 프로그램을 로봇의 컴퓨터에 입력해야 해요. 만약 로봇에게 새로운 일을 시키고 싶다면 그에 맞는 작업 프로그램을 추가하면 되지요. 이것은 로봇의 큰 장점 중 하나랍니다.

> ### 로봇의 기준
>
> '국제표준화기구(ISO)'에서 정한 로봇의 기준은 두 가지예요.
> 첫 번째는 구동축, 즉 관절이 두 개 이상 있어야 한답니다.
> 두 번째는 '프로그래밍'을 통해 자동으로 움직일 수 있어야 해요.

주위를 볼 수 있어

우리는 눈으로 항상 주변을 살펴요. 덕분에 계단이나 도로, 비탈길에서 위험을 피할 수 있지요. 로봇도 위험한 상황을 피하기 위해 사람처럼 주변을 살펴야 해요. 그래서 사람의 눈과 비슷한 일을 하는 카메라 장치를 달아요. 또한 전파나 소리, 레이저 같은 다양한 종류의 센서를 함께 이용해서 주변 상황을 파악한답니다. 주위 환경을 잘 알고 있어야 사람이나 사물과 부딪히지 않고 안전하게 일을 잘 할 수 있으니까요.

진짜 로봇을 찾아라!

✕ ✕ ✕ ✕ ✕

로봇을 만들고 싶다면 무엇이 로봇이고, 무엇이 로봇이 아닌지 정확히 구분하는 눈을 키워야 해요. 자, 지금부터 우리 주변에서 흔히 볼 수 있는 기계 장치들 중에 '로봇'과 '로봇이 아닌 것'을 찾아볼까요? 맞으면 O, 틀리면 X, 그 중간은 △로 표시해요.

	몸체가 있다	스스로 판단하고 동작한다	다양한 센서가 있다	그렇다면 로봇일까?
자율 주행 자동차	O	O	O	O
에어컨	O	△	△	X
드론	O	O	O	O
엘리베이터	O	△	O	X
무선 조종 자동차	O	X	△	X
게임기	O	X	△	X
무선 청소기	O	X	△	X
로봇 청소기	O	O	O	O
자판기	O	X	X	X

스마트폰	○	△	○	X
AI 스피커	○	△	△	X
전동 킥보드	○	X	△	X
굴착기	○	X	△	X
세탁기	○	△	△	X
커피 머신	○	X	X	X
신호등	○	X	△	X
스마트홈(IoT)	△	○	○	X

세탁기나 엘리베이터, 스마트폰은 몸체도 있고, 프로그램에 따라 스스로 움직이지 않아요? 그런데 왜 로봇이 아니에요?

세탁기는 빨래만 할 뿐, 다른 운동 능력은 없어. 저장된 프로그램을 다른 것으로 바꾼다고 해서 갑자기 걷거나 계단을 오르는 동작을 할 수는 없잖아. 엘리베이터도 마찬가지야. 더군다나 사람이 층수를 눌러야만 움직일 수 있기 때문에 판단 능력도 부족해. 스마트폰은 똑똑하지만 화면을 보여 줄 뿐 스스로 움직이지 못하고. 그래서 이런 경우 '로봇 기술을 이용했다'라고 표현한단다.
또 원래 로봇이 아니었던 물건은 로봇 기능을 갖췄어도 로봇이라고 부르지 않는 경우도 있어. 자율 주행 자동차나 로봇 청소기는 기술적으로 로봇이 맞지만, 로봇이라고 생각하지 않는 사람들이 많거든.

로봇의 분류

○ ✿ ○ ✿ ○

국제로봇협회IFR는 전 세계 로봇 공학자들이 모여 의견을 나누고 정보를 공유하는 단체예요. 이곳에서 로봇을 개발하는 사람들이 혼란을 겪지 않도록 로봇의 종류를 크게 3가지로 구분하였지요. 로봇을 구분하는 방법은 학회마다, 학자마다 조금씩 차이가 있지만 대부분의 로봇은 다음의 세 가지 중 한 가지에 속한답니다.

제조업용 로봇

제조 산업 현장에서 주로 쓰는 작업용 로봇을 말해요. 페인트칠을 하는 도장 로봇, 불꽃을 튀기며 금속·유리 등을 녹여 붙이는 용접 로봇, 복잡한 부품을 빠르게 조립하는 조립 로봇 등 다양한 종류가 있답니다. 바퀴가 달려 있어서 무거운 물건도 쓱쓱 나르는 공장용 운송 로봇도 제조업용 로봇의 일종이에요.

요즘에는 인공 지능 기술을 적용해 사람과 함께 일할 수 있는 '협동 로봇'도 쓰이는 곳이 점점 늘고 있어요. 사람처럼 조그만 부품을 집어서 조립할 수 있을 정도로 세밀하고 부드럽게 움직여서 보다 정밀하고 섬세한 작업도 가능한 로봇이랍니다.

테슬라의 전기 자동차 생산 공장 내부 모습이에요. 조립 라인에 있는 로봇들이 빠르고 정확하게 각종 부품들을 조립하고 있어요.

쿠카로보틱스에서 제작한 산업용 로봇이에요. 로봇 팔 끝에 여러 가지 도구를 바꿔 끼울 수 있어서 다양한 작업을 시킬 수 있어요.

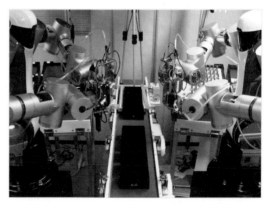

한국 기계 연구원이 개발한 산업용 협동 로봇 '아미로'예요. 공장에서 전자 제품을 상자에 포장하는 작업을 하고 있어요. 양팔을 자유롭게 쓸 수 있고, 크기가 작아 사람과 한 공간에서도 일할 수 있지요.

전문 서비스용 로봇

의사나 소방대원처럼 전문적이고 위험한 일을 하는 사람을 돕는 로봇을 말해요. 병원 수술실에서 사용하는 수술 로봇, 공공장소의 위생을 위해 소독과 살균 작업을 하는 방역 로봇, 구조 작업에 사용하는 소방 로봇, 군인들이 사용하는 폭탄 제거용 로봇 등이 전문 서비스용 로봇에 속하지요.

이 밖에 여러 사람이 모두 편리하게 사용할 수 있는 로봇도 전문 서비스용 로봇으로 구분합니다. 공항에 가면 길을 알려 주고 비행기 시간표도 확인해 주는 안내 로봇을 본 적이 있을 거예요. 요즘은 음식점에서 손님에게 음식을 가져다주는 서빙 로봇도 자주 볼 수 있지요.

수술용 로봇 다빈치의 모습이에요. 사람이 손으로 조종하면 로봇 팔을 세밀하게 움직여 최소한의 절개로도 복잡한 수술을 해내는 똑똑한 로봇이랍니다.

화성 탐사 로봇 '큐리오시티'가 자기 스스로 촬영한 '셀카'예요. 2012년 화성에 착륙한 뒤 이곳저곳을 탐사하며 화성의 기후와 지형, 물의 흔적 등에 대한 정보를 지구에 전달하고 있지요.

개인 서비스용 로봇

사람이 일상을 편안하게 보낼 수 있도록 도와주는 로봇이에요. 가정에서 많이 사용하는 로봇 청소기가 대표적인 개인 서비스용 로봇이지요. 장난감처럼 가지고 놀 수 있는 오락용 완구 로봇, 코딩이나 로봇 수업에 사용하는 교육용 로봇, 몸이 불편한 환자들의 간병을 돕는 이동 보조 로봇 등도 개인 서비스용 로봇에 속합니다.

세계 최초의 로봇 청소기는 2001년 스웨덴 일렉트 로룩스사에서 만든 트릴로바이트예요. 당시에는 너무 비싼 가격과 낮은 성능으로 인기를 얻지 못했지요. 지금은 여러 가전 회사에서 다양한 제품을 선보일 만큼 생활필수품으로 자리 잡았어요.

개인 서비스용 로봇은 사람과 직접적으로 많은 정보를 주고받으며 소통하거나, 협업을 해야 하기 때문에 인간의 신체적·정서적 상황을 잘 이해하고 대처하는 인간지향적인 특성을 지녀야 해요. 그래서 인공 지능, 빅 데이터, 사물 인터넷IoT 등의 IT기술을 바탕으로 한 지능형 로봇으로 개발하고 있답니다.

삼촌, 우리가 만들 휴머노이드 로봇은 집과 학교에서 사용하는 거잖아요. 그렇다면 개인 서비스용 로봇으로 구분할 수 있겠네요?

오, 그렇지. 사용 목적에 따라 구분하면 그렇게 볼 수 있겠다.
하지만 어떤 경우에는 전문 서비스용 로봇이나 제조업용 로봇으로 보기도 한다다. 휴머노이드 로봇은 사람처럼 생겼기 때문에 제어 프로그램을 잘 만들면 다양한 일을 할 수 있기 때문이지. 그래서 로봇을 구분할 때 가장 먼저 생각해야 하는 것은 로봇의 형태보다, 어떤 일을 하도록 만들어졌는가 하는 점이야.

나에게 필요한 로봇은?

○ ❀ ○ ❀ ○

　사람은 어떤 일이든 배우면 해낼 수 있어요. 기계를 분해하고 조립할 수 있고, 자동차 운전을 할 수 있어요. 바둑을 둘 수도, 수영을 할 수도, 악기를 연주할 수도 있지요. 하지만 로봇은 사람이 정해 준 일 몇 가지만 하는 경우가 대부분이에요. 그래서 로봇을 개발할 때 가장 먼저 할 일은 로봇에게 시킬 일을 정하는 것이에요. 그래야 그에 알맞은 몸체와 능력을 만들어 줄 수 있답니다.

힘센 로봇, 빠른 로봇

　힘이 세거나, 재빠른 로봇은 주로 제조업용 로봇의 특징이에요. 힘이 센 로봇을 만들려면 로봇을 움직이는 구동 장치를 강력한 것으로 사용해야 해요. 하지만 대개 그런 부품은 아주 크고 무겁기 때문에 로봇의 크기가 커지고, 동작도 느려집니다. 반면에 재빨리 움직이는 로봇은 작은 힘으로도 신속하게 움직일 수 있게 소형 모터와 가벼운 뼈대를 사용해 설계하지요.

　이렇게 구조가 다르다 보니 힘이 센 로봇은 빠르게 움직이기가 아주 어려워요. 반대로 빠르게 움직이는 로봇은 무거운 물건을 옮기는 일은 하지 못해요. 그래서 로봇에게 무슨 일을 시킬지에 따라 '무겁고 힘센 로봇'으로 만들지,

'가볍고 움직임이 재빠른 로봇'으로 만들지를 결정할 수 있어요. 빠르게 움직일수록 힘이 약해지는 건 어쩔 수 없거든요. 로봇뿐 아니라 모든 기계 장치에 해당하는 내용이기도 하니 잘 기억해 두면 좋겠지요.

똑똑한 로봇

힘이 세거나, 움직임이 재빠른 로봇은 대부분 사람이 미리 정해 준 순서대로만 움직여요. 로봇이 어떤 판단도 하지 못해요. 만약 이런 로봇을 집 안이나 사무실에서 쓴다면 여기저기 부딪히면서 사고를 일으킬지도 모르지요.

그러나 사람들의 편리를 돕는 '서비스 로봇'은 사람의 움직임과 주변 환경을 스스로 감지하고 동작할 수 있도록 똑똑하게 만들어야 해요. 주변에 부딪힐 만한 사람이나 물체는 없는지 하나하나 확인하고 움직여야 하니까요. 또 좁은 공간에서도 쓸 수 있게 작고 가볍게 설계해야 해요. 그래서 대부분 느린 속도로 움직이고, 사람이 부딪혀도 안전할 만큼 약한 힘으로 동작하지요.

인간의 동작을 할 수 있는 로봇

휴머노이드 로봇은 사람의 신체와 비슷한 구조를 갖고 있기 때문에 사람이 할 수 있는 동작과 작업을 대부분 할 수 있어요. 두 발로 걸을 수 있어서 평지, 계단, 비탈길 등 어디든 자유롭게 이동할 수 있지요. 또 사람처럼 손을 사용하여 물건을 집거나 기기를 조작할 수 있고, 원하는 특정한 작업이 있다면 그에 맞는 프로그래밍도 가능해요.

그러나 문제는 이렇게 만들기가 아주아주 어렵고 까다롭다는 것이에요. 휴머노이드 로봇이 사람처럼 중심을 잡고 서기 위해서는 발목 부분의 힘이 아주 세야 해요. 그리고 달리기를 하거나 사람처럼 일을 하려면 팔과 다리를 빠르게 움직일 수 있어야 하지요.

또한 복잡하고 미묘한 인간의 언어를 잘 이해하고, 인간과 소통하는 데도 능숙해야만 해요. 명령을 엉뚱하게 수행하거나, 인간 사회에서 문제를 일으키면 안 되니까요. 그래서 휴머노이드 로봇은 다양한 센서와 인공 지능 기술이 뒷받침되어야만 하지요.

삼촌, 휴머노이드 로봇이 그렇게 만들기 어려워요? 그렇다면 차라리 좀 더 쉽게 만들 수 있는 다른 형태의 로봇을 개발하는 게 좋지 않을까요?

우리가 사는 공간은 두 발로 걷고, 양팔을 자유롭게 쓰는 사람에게 알맞게 이루어져 있어. 그래서 사람과 닮은 휴머노이드 로봇이 가장 효율적으로 사람을 도울 수 있지. 재난 구조뿐 아니라 의료, 국방, 작업 보조 등 여러 분야에서 활용할 수 있거든. 그래서 많은 로봇 공학자들이 가장 사람다운 휴머노이드 로봇을 만드는 것을 목표로 삼고 있단다.

세계의 휴머노이드

× × × × ×

　지금 전 세계는 휴머노이드 로봇 개발에 폭발적인 관심을 보이고 있어요. 인공 지능 기술의 비약적인 발전으로 '인간처럼 생각하고, 인간처럼 행동하는 로봇'을 만들고 싶은 인류의 꿈에 더욱 가까워졌기 때문이에요. 여기서 소개하는 네 로봇은 휴머노이드 로봇 중 가장 성능이 뛰어난 것으로 알려진 모델들이에요. 각각 어떤 점에서 높은 평가를 받고 있는지 함께 살펴보아요!

아틀라스

　미국에는 '보스턴 다이내믹스'라는 로봇 회사가 있어요. 이 회사에서 만든 로봇은 하나같이 기술과 성능이 뛰어나서 로봇 전문가들 사이에서도 세계 최고의 로봇 회사라는 평가를 받는답니다. 특히 휴머노이드 로봇 '아틀라스'는 놀라울 정도예요. 두 발로 걷고, 울퉁불퉁한 눈길 위를 달리고, 계단을 오를 수 있어요. 심지어 땅 위에서 앞구르기를 한 다음 일어날 수 있고, 점프해서 공중에서 한 바퀴 뒤로 도는 공중 제비 돌기 동작도 할 수 있지요.

　그러나 안타깝게도 2024년 4월 아틀라스는 역사 속으로 사라지게 되었어요. 대신 세련된 형태와 전기 구동 방식으로 더욱 민첩해진 휴머노이드 '올 뉴 아틀라스'가 바통을 이어받아 활약할 예정이랍니다.

아시모

　일본은 휴머노이드 로봇을 세계 최초로 연구하기 시작한 나라예요. 특히 혼다 자동차 사가 개발한 '아시모'는 세계 최초의 휴머노이드 로봇이자, 여전히 세계 최고의 휴머노이드 로봇 중 하나이지요. 한 발로 뜀뛰거나 계단을 뛰어오를 수 있어요.

아시모가 있었기에 여러 뛰어난 휴머노이드들이 세상에 등장했다 해도 과언이 아니랍니다. 아시모는 많은 로봇 공학자들에게 영감을 줬을 뿐 아니라 지능형 로봇 개발에 큰 전환점을 만들어 주었으니까요.

휴보

카이스트KAIST에서 개발한 휴머노이드 로봇이에요. 휴보는 우리나라 휴머노이드 중 가장 뛰어나다는 평가를 받아요. 걷고, 달리고, 계단을 올라갈 수 있는 것은 물론이고, 최신형 'DRC휴보'의 경우, 발전소가 폭발하거나 공장에 큰불이 나는 '재난 상황'에도 대응할 수 있는 뛰어난 로봇이에요.

2015년에는 로봇 개발 실력이 가장 월등한 각 나라의 연구 팀들이 한자리에 모여 '세계 재난 로봇 구조 대회DRC'를 연 적이 있어요. 초음속 전투기를 만드는 회사인 미국의 록히드 마틴, 화성 탐사 로봇을 만든 미국 항공 우주국NASA 등도 참가 팀이었지요. 카이스트 휴보 연구팀은 이 대회에서 쟁쟁한 경쟁자들을 물리치고 당당히 1위를 차지했답니다.

옵티머스

미국의 전기 자동차 회사 테슬라에서 2021년 공개한 휴머노이드 로봇으로, 요즘 가장 많은 주목을 받고 있어요. 옵티머스의 키는 173센티미터로 로봇치고는 꽤 큰 편이에요. 성인의 평균 걸음 속도인 시속 8킬로미터의 빠른 속도로 걸을 수 있고, 요가 동작을 자연스럽게 할 수 있을 만큼 움직임이 유연하지요. 테슬라에서는 이 로봇을 자동차 생산 공장에 도입해 실제로 일을 시킬 계획이랍니다. 아직은 사람을 완벽하게 대신해 일할 수는 없지만, 사람을 보조해서 작업장에서 여러 일들을 할 수 있을 것으로 보여요.

새로운 다크 호스 등장!

2024년 8월, 미국의 로봇 회사 피규어 AI의 '피규어02'가 자동차 회사 BMW그룹의 실제 공장에서 테스트를 무사히 마쳤어요. 단순하고 세련된 형태, 강력한 인공 지능과 인간과 유사한 손동작을 자랑하는 피규어02는 자동차 차체 제작 공정에 투입되어 필요한 부품들을 바른 위치로 옮기고, 끼우기 까다로운 부품을 조립하는 업무를 성공적으로 수행했답니다!

아틀라스

키　150cm

무게 80kg

특기 험지 보행,
　　공중 제비 돌기

아시모

키　130cm

무게 48kg

특기 한 발 뛰기,
　　달리기

DRC휴보

키　168cm

무게 80kg

특기 바퀴형 로봇으로
　　변신 가능.

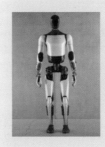

옵티머스

키　173cm

무게 57kg

특기 뛰어난
　　인공 지능,
　　유연한 동작

어때? 다들 엄청나지 않니? 이렇게 휴머노이드 로봇마다 특기가 있어. 학교를 다니는 로봇을 만들려면 학교생활에 맞는 특기가 있는 로봇이면 좋겠지?

저처럼 축구를 잘하는 로봇으로 만들면 어떨까요? 빠르게 달리고 공을 정확하게 찰 수 있는 로봇이요!

코로나 시대, 로봇의 재발견

기침, 재채기 등의 비말을 통해 전염되는 호흡기 감염병인 코로나19는 2019년 12월 중국 우한에서 처음 발생한 이후, 곧 전 세계로 빠르게 퍼져 나갔어요. 세계 각 나라는 바이러스 확산을 막기 위해 감염 환자를 격리하고, 사람들의 이동을 제한하는 등 갖은 노력을 펼쳤지만 피해 규모는 점점 커져만 갔지요. 결국 세계 보건 기구WHO는 2020년 3월 11일 감염병 최고 위험 단계인 팬데믹을 선언하고 전 세계인들이 힘을 모아 줄 것을 당부하기에 이르렀어요.

이렇게 코로나19가 활개를 치는 동안, 사람들은 사랑하는 이들을 잃고, 일상을 빼앗긴 채 지내야 했어요. 가족, 친구, 동료들과 자유롭게 만나기도 쉽지 않았고, 생계를 위한 활동을 제때 하기도 어려웠지요.

그런데 이때, 로봇이 새로운 역할을 맡게 되었어요. 로봇은 병에 걸릴 위험이 없으니, 사람을 대신해 다양한 일을 할 수 있으니까요.

로봇 개 '스팟'은 의료 현장에 투입됐어요. 스팟은 미국 로봇 제조 기업 보스턴 다이내믹스가 만든 네발로 걷는 로봇이에요. 인공 지능 기술을 기반으로 자율 주행이 가능한 순찰 로봇이지요.

스팟은 미국 보스턴의 한 병원에 투입돼 의료진을 돕는 테스트를 성공적으로 마쳤어요. 머리 부분에 태블릿 컴퓨터를 달고 환자와 의료진 간 원격 대화가 가능하

스팟은 360도 카메라를 장착해 주변을 인식하고 장애물을 피하며, 초당 1.6미터 속도로 다닐 수 있어요.

도록 돕는 것이 주 임무였지요.

보스턴 다이내믹스는 앞으로 스팟이 환자의 몸 상태를 바로 확인해서 의료진에게 데이터를 전송하는 기술을 개발 중이라고 해요. 환자의 체온, 호흡, 맥박수 등을 원격으로 측정하기 위해 여러 연구를 진행하고 있어요.

한국 기계 연구원에서 개발한 자동 검체 채취 로봇은 의료진의 감염 위험을 막아 줘요.

그런가 하면 우리나라에서는 사람의 도움 없이도 PCR 검사를 할 수 있는 자동 검체 채취 로봇과 시스템이 빠르게 개발되었어요. 의료진이 위험을 감수하고 직접 진행하던 PCR 검사를 보다 안전하고 정확하게 진행하여 감염병 감염 유무를 빠르게 확인할 수 있도록 한 것이에요.

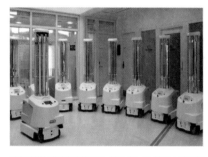

자율 주행 로봇에 바이러스 살균 기능이 뛰어난 자외선 UV-C램프를 장착한 방역 로봇이에요.

의료 기관과 역, 공항 같은 공공장소에서는 방역 로봇이 투입됐어요. 병원을 돌아다니며 소독 작업을 하는 것은 물론, 마스크를 쓰지 않은 사람들이 보이면 다가가서 마스크를 쓰라고 주의를 주기도 해요. 너무 가까이 있는 사람들은 떨어져 앉으라고 말하기도 하지요.

이렇게 코로나19 팬데믹 이후, 사회 곳곳에서 로봇을 적극적으로 사용하기 시작하면서 로봇 산업 역시 아주 빠르게 성장하고 있어요. 2020년 약 30조 원 수준이던 세계 로봇 시장 규모가 2030년에는 약 260조 원에 이를 것으로 전망하고 있지요. 점점 낮아지는 출생률과 인구의 고령화로 인해 생겨나는 각종 사회 문제들을 해결하는 데 중요한 열쇠가 되어 줄 로봇. 이제 우리 생활 곳곳에서 로봇을 더욱 자주 만날 수 있게 될 거예요.

2
× × ×
로봇 설계하기

로봇의 구성

○ ✱ ○ ✱ ○

로봇은 크게 프레임, 액추에이터, 컴퓨터, 배터리로 이루어져 있어요. 복잡해 보이지만 사람의 몸에 비유하면 이해하기 쉬워요. 프레임은 뼈대, 액추에이터는 뼈를 움직이는 근육, 컴퓨터는 생각하고 명령을 내리는 뇌, 배터리는 에너지를 공급하는 심장이라 할 수 있지요. 로봇의 각 부위가 어떻게 작동하고 이것이 어떻게 움직임으로 연결되는지 함께 알아보아요.

로봇의 동작 과정

로봇은 센서로 주변 환경의 정보를 모으고, 메인 컴퓨터에서 이 데이터를 분석해 상황을 이해해요. 그런 다음 명령을 생성하여 전기 모터와 같은 액추에이터(구동 장치)로 전달하면 동작을 시작하게 됩니다. 로봇은 이 과정을 실시간으로 아주 빠르게 반복하면서 주어진 명령을 수행하고, 상황에 맞게 행동을 수정해 나가지요.

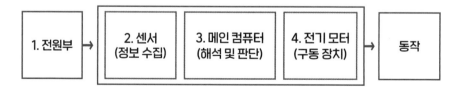

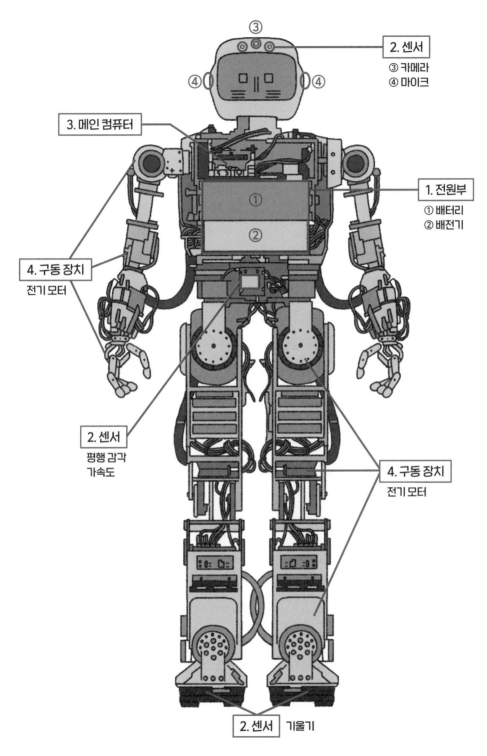

2. 센서
③ 카메라
④ 마이크

3. 메인 컴퓨터

1. 전원부
① 배터리
② 배전기

4. 구동 장치
전기 모터

2. 센서
평행 감각
가속도

4. 구동 장치
전기 모터

2. 센서 기울기

※ 휴보2의 내부 구조를 바탕으로 그린 예시 그림입니다.

전원 장치

로봇에 있는 모든 전자 기기와 모터에 전기 에너지를 공급하는 일을 해요. 전원 장치가 제대로 작동하지 않으면 로봇이 움직이지 않거나 성능이 떨어질 수 있어요.

센서

사람의 눈, 귀, 코와 같이 외부의 정보를 감지하고 이를 로봇의 메인 컴퓨터에 전달하는 역할을 해요. 로봇이 외부 환경을 이해하고, 안전하고 효율적으로 움직일 수 있게 도와주지요.

메인 컴퓨터

주어진 과제를 수행하고, 센서를 통해 들어온 정보를 해석해서 명령을 내리는 일을 하는 곳이에요. 이 과정이 없으면 로봇은 복잡한 기계에 지나지 않지요. 로봇을 지능적으로 움직이게 하는 가장 핵심적인 장치랍니다.

구동 장치

메인 컴퓨터의 지시에 따라 로봇을 움직여요. 주로 전기 모터를 함께 써서 움직임을 만드는데 위치, 속도, 회전력 등을 정밀하게 조절할 수 있어야 하지요. 정밀한 작업에는 위치 제어가, 빠른 동작에는 속도 조절이, 무거운 물체를 다룰 때는 모터의 충분한 회전력이 중요하거든요. 이처럼 움직임이 정확하고 신속할수록 성능이 좋은 로봇이라고 할 수 있어요.

로봇의 관절 만들기

사람이 몸을 자연스럽게 움직일 수 있는 것은 뼈와 뼈가 관절로 연결되어 있기 때문이에요. 관절은 뼈와 뼈가 서로 다른 방향으로 움직일 수 있게 도와주지요. 로봇도 마찬가지예요. 로봇은 각 부위별 뼈대 역할을 하는 '링크'와 관절 역할을 하는 '조인트'로 동작을 만들어요. 이때 구동 장치가 링크 사이에 있는 조인트를 움직여 로봇이 움직일 수 있게 되는 것이랍니다.

링크는 로봇의 동작과 형태를 결정짓는 중요한 부분이에요. 사람의 척추와 골반처럼 몸체를 지지하는 고정 링크, 팔다리 손발처럼 움직일 수 있는 이동 링크로 나눌 수 있어요. 여러 링크가 조인트와 연결되어 있어 다양한 동작을 펼칠 수 있지요.

조인트는 움직이는 방식에 따라 평면 조인트, 안장 조인트, 회전형 조인트 등 다양한 종류가 있어요. 조인트를 잘 활용하면 어떤 동작이든 자유롭게 해내는 로봇을 만들 수 있지요. 사람은 아무리 유연한 사람이라도 관절을 360도로 완벽하게 회전하지 못해요. 하지만 360도 회전하는 조인트를 이용하면 로봇의 팔이나 다리, 머리를 360도 돌아가게 만들 수 있답니다.

이처럼 링크와 조인트를 어떻게 결합하느냐에 따라 로봇의 운동 범위와 정밀도가 크게 달라질 수 있어요. 그래서 로봇의 기능과 성능을 결정짓는 데에 아주 중요한 요소 중 하나이지요.

로봇의 동력 장치

○ ✿ ○ ✿ ○

몸은 뼈에 붙은 근육이 오므라들거나 펴지면서 관절을 움직여 동작을 만들어요. 로봇도 마찬가지예요. 뼈대에 근육을 대신할 '구동 장치'를 붙여 주어야 한답니다. 영어로 '액추에이터actuator'라고 부르지요. 이 장치는 로봇을 만들 때 가장 중요한 부분 중 하나예요. 로봇 공학이란 구동 장치에서 나오는 힘을 이용해 로봇의 팔과 다리, 몸통을 자연스럽게 움직이는 방법을 연구하는 것이라고 해도 지나치지 않을 정도랍니다.

정밀한 움직임을 만드는 전기 모터식

전기 모터 방식은 로봇을 만드는 가장 보편적인 방법이에요. 힘은 약한 편이지만 아주 정밀하게 제어할 수 있는 장점이 있어요. 또 소음이 적고 반응 속도가 빠르며, 크기도 유압식에 비해 작고 가벼워서 산업, 의료, 가정용 등 다양한 로봇 개발 분야에서 채택하는 방식이지요.

전기 모터식 로봇을 만들 때는 다양한 부품

로봇을 만들 때는 전기 모터 중에서도 강한 힘을 낼 수 있는 'BLDC모터'라는 것을 사용하는 경우가 많아요.

이 필요합니다. 먼저 전기 에너지를 저장해 둘 배터리가 있어야 해요. 그리고 배터리에서 나온 전기의 힘을 조절해 몸체에 골고루 보내 주는 전력 관리 장치도 필요해요. 이 부품을 '인버터'라고 부른답니다.

그리고 전기 모터에서 나온 힘을 로봇 팔과 다리 또는 바퀴로 연결하면서 강한 힘을 내도록 도와주는 '감속기'라는 장치도 꼭 있어야 해요.

배터리나 전력 관리 장치는 하나씩 설치하면 되고, 모터와 감속기는 로봇의 관절마다 연결해야 동작을 자연스럽게 만들 수 있어요. 그러니 커다랗고 복잡한 로봇을 만들려면 대단히 많은 부품이 필요하겠지요.

무겁지만 강한 힘을 내는 유압식

유압식 구동 장치는 기름의 압력을 이용해 움직이는 방식이에요. 힘이 아주 센 기계를 만들 수 있어서 건설 장비, 군사용 탱크 등을 만들 때 쓰는 방법이랍니다. 건설 현장에서 자주 볼 수 있는 건설용 굴착기도 유압식 구동 장치를 장착하지요.

유압식은 기름의 압력으로 '실린더'라고 부르는 주사기처럼 생긴 장치의 안쪽 부품을 쑥 밀어내시 움직임을 만들어요. 기름의 높은 압력을 견디려면 아주 튼튼하고 정밀한 실린더가 필요하지요.

유압식 로봇을 만들 때는 구동

굴착기의 팔 부분을 움직이는 장치가 유압식 구동 장치예요. 강한 힘이 필요한 제조업용 로봇, 농기계, 선박 및 해양 구조물 등을 만들 때 자주 쓰는 방식이에요.

장치를 뼈대 앞뒤로 붙여 주어야 해요. 기름의 압력을 높이기 위해 기름을 공급하는 장치도 함께 달아야 하지요. 그래서 로봇이 센 힘을 낼 수 있는 대신 무겁고 크기도 커질 수밖에 없는 단점이 있어요.

값싸고 효율적인 공압식

공압식 구동 장치는 압축한 공기의 힘을 이용하기 때문에 기계를 강하고 민첩하게 움직일 수 있어요. 반면, 공기 압축기와 저장 탱크 등이 필요해 무게와 부피를 크게 차지하고, 공기를 압축하는 데 전기 모터에 비해 많은 에너지가 필요해요. 공기가 새어 나가면 제대로 작동하지 못하기 때문에 공기의 압력을 유지하는 장치도 별도로 달아 주어야 합니다. 그래서 주로 한 자리에서 일하는 '제조업용 로봇'을 만들 때 쓰여요.

사람은 몸속 뼈 겉에 근육이 붙어 있잖아요. 그러니 휴머노이드 로봇을 만들 때도 뼈대 밖에서 힘을 내는 유압식으로 만들면 어때요?

유압식을 이용하면 운동 성능이 아주 뛰어난 로봇을 만들 수 있어. 하지만 크고 무거워 빠르고 자연스러운 움직임을 만들기가 어려운 것이 단점이야. 대부분의 휴머노이드 로봇은 전기 모터 방식으로 움직인단다. 그러니 우선 전기 모터 방식으로 공부해 보자꾸나!

척척 로봇 손

로봇도 사람의 손처럼 물건을 잡고, 들어 올리고, 조작하는 역할을 하는 장치가 있어요. 이것을 '말단 장치' 또는 '엔드 이펙터end effector'라고 불러요. 주로 로봇 팔 끝부분에 설치해서 여러 명령을 수행하지요.

공구형 엔드 이펙터

용접용 토치, 절단용 회전날, 도장용 페인트 스프레이 건 같은 전문적인 장비가 달려 있는 맞춤형 이펙터예요. 특정 작업만을 수행하는 제조업용 로봇에 주로 쓰여요.

마그네틱 그리퍼

끝에 전자석이 달렸어요. 공장에서 강철 같은 자석에 붙는 금속을 옮길 때 사용해요.

진공 그리퍼

문어의 빨판처럼 진공 흡입력을 이용해서 평평한 물건을 흡착판에 고정해 옮겨요.

손가락 그리퍼

2~3개의 손가락이 달려 있어서 사람의 손과 닮았어요. 손가락으로 도구를 집거나 장치를 조작할 수 있지요. 사람의 손처럼 쥐는 힘을 세밀하게 조절하고 촉각까지 감지하는 손가락 그리퍼도 있어요.

완성도 높은 휴머노이드를 만들려면 로봇 손이 사람의 정교한 손동작을 제대로 따라 할 수 있어야 해. 사람의 신체에서 가장 많은 일을 할 수 있는 부위는 바로 손이거든!

로봇의 이동법

로봇은 쓰임새에 따라 평지, 계단, 산악 지대 등 각기 다른 환경에서 사용해요. 그래서 로봇마다 가장 안정적이고 효율적인 이동 방식도 달라지지요. 각 로봇에 알맞은 이동 방식은 무엇이 있는 알아 두면 로봇을 만드는 데 큰 도움이 될 거예요.

고정형

주로 산업 현장에서 사용해요. 하나 또는 두 개의 팔로 부품을 조립하거나 용접하는 등의 일을 해요. 요즘은 인공 지능 덕분에 성능이 부쩍 좋아져 식당 주방에서 음식을 볶거나 튀기는 조리 로봇, 카페에서 커피를 만드는 바리스타 로봇도 등장하고 있어요.

바퀴

자율 주행 자동차를 비롯해 요즘 새롭게 개발되는 많은 로봇들은 주로 바퀴로 이동해요. 물건을 배달하거나, 로봇 청소기처럼 집 안을 청소하기도 해요. 그 밖에도 굉장히 다양한 일을 할 수 있어요. 미국의 온라인 쇼핑몰 회사인 아마존은 바퀴형 로봇에게 물류 창고 관리를 맡기고 있답니다.

보행

사람처럼 두 발로 걷거나, 강아지처럼 네 발로 걷는 로봇을 말해요. 사람이 갈 수 있는 곳은 어디든 갈 수 있기 때문에 재난 현장 등 특별한 상황에서 큰 활약을 할 수 있을 거라고 기대하는 사람이 많아요. 네발 로봇 중 가장 완성도가 높은 '스팟'은 이미 여러 곳에서 쓰이고 있어요. 지난 2023년 10월에는 세종시의 축제 현장에서 스팟이 시민의 안전을 살피는 '안전 도우미'로 활약하여 큰 주목을 받았답니다.

무한궤도

탱크나 불도저처럼 쇠로 만든 궤도가 붙어 있는 바퀴를 말해요. 아무리 길이 험해도 거침없이 이동할 수 있기 때문에 군사용 로봇, 산업용 로봇 등에 많이 쓰여요. 하지만 무한궤도 로봇은 무겁고 덩치가 커서 실내에서 일을 하기는 어렵답니다.

비행

하늘을 나는 비행 로봇을 '드론'이라고 불러요. 드론은 하늘에 떠 있을 수 있어서 굉장히 많은 일을 할 수 있답니다. 적군을 정찰하고, 물건을 배송하기도 하고, 사람이 탈 수 있을 만큼 큰 크기로 만들어 '에어 택시'로도 활용할 수 있어요. 특수 목적 드론도 많아요. 어떤 드론은 사람이 직접 살피기 힘든 대교나 철도 교량, 고가 도로 등을 점검하는 일을 하고, 어떤 드론은 하늘 높이 올라가 우주를 관찰하며 과학자들의 연구를 돕기도 한답니다.

교통이 불편한 도서·산간 지역에 드론으로 물품을 배송해 주는 서비스가 점점 확대되고 있어요. 사진은 2022년 12월 서산시에서 국산 수소 전지 연료 드론으로 왕복 14킬로미터 거리에 있는 섬 고파도에 치킨을 배송하는 서비스를 시험하고 있는 장면이에요.

로봇의 형태

로봇을 설계할 때는 '골격'을 어떤 형태로 만들 것인지 잘 생각해 보아야 해요. 로봇의 골격은 로봇이 움직일 때마다 몸을 지탱해 주고, 배터리, 컴퓨터, 전기 모터와 각종 센서 등을 붙일 수 있는 기본적인 뼈대가 된답니다. 골격 구조는 어떤 종류의 구동 장치를 쓰느냐에 따라 크게 달라질 수 있으니 잘 알아 두는 것이 좋아요.

새우, 게를 닮은 갑각류형 로봇

로봇의 뼈대가 몸 바깥에 있는 형태예요. 새우나 게, 바닷가재를 떠올리면 쉽게 이해가 될 거예요. 그래서 보통 갑각류형 로봇, 외피형 로봇 등으로 부르지요. 갑각류형 로봇은 몸속에 각종 부품을 넣어야 해요. 그래서 크기가 큰 유압식 구동 장치보다는 전기 모터를 쓰는 일이 많지요. 모터에서 나오는 힘을 톱니바퀴나 체인 등으로 전달해 로봇

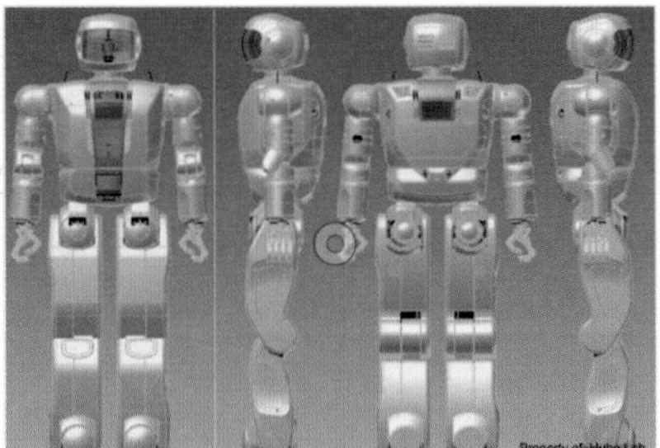

우리나라 로봇 휴보2의 설계도 중 일부예요. 외골격이 눈에 띄는 갑각류 형태를 하고 있어요.

의 관절을 움직이는 방식이랍니다.

사람을 닮은 포유류형 로봇

뼈대가 로봇의 몸 안쪽에 있는 경우도 있어요.
그 경우에는 근육 역할을 하는 구동 장치가 뼈대
바깥에 있어야겠지요. 사람이나 개, 고양이 같은
척추동물이 이런 구조를 하고 있어요.

포유류형 로봇은 뼈대 주위에 주로 유압식 구
동 장치를 붙여서 만드는 경우가 많아요. 포유
류 형태의 로봇은 일상생활에서는 찾기가 어려
워요. 전기 모터 방식보다 많은 부품이 필요하기
때문에 부피가 크고 무겁고, 움직임이 섬세하지

보스턴 다이내믹스 사의 군사용 네발 로
봇 '빅독'은 대표적인 포유류형 로봇이에
요. 뼈대 위로 유압식 구동 장치가 붙어
있어 강한 힘을 내요.

못하거든요. 대신 아주 센 힘을 갖추어야 하는 군사용 로봇, 소방용 보조 로봇
등을 만들 때는 포유류 형태로 개발하는 일이 많아요.

갑각류형 로봇이 더 예쁜 모양으로 만들 수 있을 것 같아요. 지저분한 전선이나
부품을 안쪽으로 넣을 수 있잖아요.

토토 말대로 포유류형 로봇은 흉측해 보인다는 사람들도 있어. 하지만 겉을 예
쁘게 다시 씌울 수도 있으니까 큰 문제는 되지 않을 거야. 그것보다는 로봇을
만드는 목적에 적합한 형태를 찾는 것이 제일 중요하단다.

동물을 닮은 생체 모방 로봇

인간형 로봇, 그러니까 휴머노이드 로봇은 사람의 걸음걸이, 손동작 등을 흉내 내서 사람처럼 움직이도록 만드는 게 목적이에요. 하지만 만드는 목적에 따라 사람의 모습 말고도 파충류나 곤충, 물고기 등 생물의 구조와 행동 등을 본 떠서 로봇을 만들 수도 있어요. 이러한 로봇을 '생체 모방 로봇'이라고 하지요.

그런 이유에서 로봇 공학자들은 생물들의 생태에도 관심이 많아요. 하늘과 땅속, 물속 등 다양한 지구 환경에 적응해 진화한 생물들의 독특한 운동 능력과 신체 구조, 생활 방식이 새로운 로봇을 구상하거나, 로봇 개발 과정에서 겪는 문제들을 해결하는 데 많은 도움이 되기 때문이지요.

대표적인 생체 모방 로봇으로 한국 해양 과학 기술원에서 개발한 '크랩스터'가 있어요. 이 로봇은 보통 잠수정으로는 살피기 어려운 수심이 깊고, 유속이 빠르고, 울퉁불퉁한 바닷속 지형을 걸어 다니면서 탐사 활동을 할 수 있어요. 게와 바닷가재의 생김새를 본떠서 만들었기 때문에 이름도 게와 바닷가재를 뜻하는 영어 크랩crab과 로브스터lobster를 합쳐 만들었지요. 크랩스터는 6개의 다리로 랍스터처럼 앞을 향해 걸어요. 프로펠러를 사용하는 다른 잠수정과 달리 다리로 보행을 하기 때문에 바다 환경을 해치지 않고 탐사의 질을 높일 수 있지요. 크랩스터 6000의 경우 인간은 닿을 수 없는 심해 6000미터까지 내려가 해저를 탐사할 수 있답니다.

그러나 이처럼 제대로 된 생체 모방 로봇을 만드는 일은 결코 만만하지 않

세계 최초로 걸어 다니는 심해 탐사 로봇 '크랩스터 200'이에요.

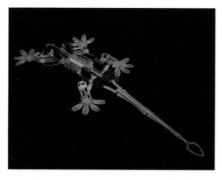
스티키봇의 발바닥은 한 방향으로만 기울어진 미세한 섬유 조직으로 이루어져서 강한 마찰력을 만들 수 있어요.

국제 우주 정거장 외부를 살피는 로봇 리머(LEMUR)의 상상도예요. 도마뱀붙이 발을 모방한 그리퍼로 몸을 고정해요.

아요. 모방하고자 하는 생물에 대한 공부도 많이 해야 하고, 생물의 조직과 근육처럼 부드러우면서도 충분한 강도를 갖는 물질도 찾아내야 해요. 이런 소재를 제어할 수 있는 구동 장치, 소프트웨어 개발도 같이 이루어져야 하지요.

오늘날 생체 모방 로봇 분야가 발전하게 된 데에는 나노 기술의 영향이 커요. 물질을 나노미터10억분의 1미터의 단위로 조작하고 설계하는 기술로서, 물질의 물리적·화학적 성질을 바꿀 수 있는 놀라운 과학 분야예요. 나노 기술을 이용하면 생물의 생체적 특징을 모방한 소재를 만들 수도 있어요. 이것을 로봇 공학에 적용하면 생물의 능력을 그대로 모방한 놀라운 로봇을 개발할 수 있지요.

그중에는 열대 지방에 사는 도마뱀붙이를 흉내 낸 로봇도 있어요. 도마뱀붙이는 발바닥에 '강모'라고 하는 나노 크기의 미세한 털이 수백만 개가 있는데, 이 털끝에 작용하는 힘을 이용해서 빨판이나 끈끈이가 없이도 벽과 천장을 기어 다닐 수 있어요. 위 사진 속 로봇은 도마뱀붙이의 이런 특성을 본 떠 만든 '스티키봇'이에요. 스티키봇은 매끈한 유리벽도 초당 4센티미터의 속도로 쉽게 기어 다닐 수 있지요. 미국 항공 우주국NASA에서도 도마뱀붙이의 발바닥을 모방한 로봇을 개발중이에요. 이 로봇은 강한 힘으로 우주선 표면에 달라붙어 이동할 수 있어서 우주선을 정비하거나 우주 쓰레기를 모아서 처리하는 등 여러 가지 일을 할 예정이지요.

로봇의 전기 장치

❀❀❀❀❀

아무리 완벽하게 만든 로봇이라도 전력이 제대로 공급되지 않아 움직이지 못하면 로봇이라 부를 수 없어요. 그래서 로봇을 설계할 때 전력을 무엇으로 공급하고, 어떻게 끌어와 어디로 보낼지, 어떻게 효율적으로 사용할지를 잘 고민해야 하지요.

로봇의 심장, 배터리

고정형 로봇을 제외한 대부분의 로봇은 배터리가 필요해요. 전기선 없이 자유롭게 이동해야 하기 때문이에요. 그래서 대부분의 휴머노이드나 이동 로봇에는 리튬 이온 배터리를 많이 써요. 높은 에너지 밀도와 긴 수명이 장점이거든요. 대형 산업용 로봇의 경우에는 비용이 저렴하고 고전류 공급이 가능한 납산 배터리를 주로 쓰지요.

그리고 전력 변환 장치인 컨버터도 함께 설치해야 합니다. 로봇의 센서, 컨트롤러, 액추에이터 같은 각종 부품들은 저마다 작동에 필요한 전압이 다르기 때문에 그에 맞게 전압을 높이거나 낮춰 보내는 장치가 필요하지요.

또한 전원 관리 시스템을 컴퓨터에 설치해서 배터리 상태를 모니터링하고,

에너지 소비를 최적화해서 로봇이 안정적으로 움직일 수 있게 해야 해요.

로봇의 두뇌, 컴퓨터

로봇을 만들려면 복잡한 전용 컴퓨터가 필요하다고 생각하는 친구들이 많아요. 하지만 그렇지 않답니다. 로봇에 들어가는 컴퓨터는 우리가 가정이나 사무실에서 일반적으로 사용하는 컴퓨터와 똑같은 종류예요.

대신 로봇을 설계할 때는 가능한 한 크기가 작은 컴퓨터를 로봇의 몸속 어디에 넣을지 고민해야 해요. 컴퓨터를 한 대만 넣기도 하지만, 맡은 일의 종류에 따라 여러 대를 넣기도 하거든요. 많은 물건을 카메라로 확인하고 팔로 하나씩 골라내는 일을 하는 로봇을 만들 때는, 카메라로 촬영한 비디오 화면을 분석할 전용 컴퓨터를 한 대 더 넣기도 하지요.

로봇이 오랫동안 잘 움직이려면 오래 가는 배터리도 필요할 것 같아요.

토토 말대로 배터리는 아주 중요하단다. 배터리 성능이 높아지면 로봇이 더 가벼워지고, 더 긴 시간 움직일 수 있지. 요즘은 '리튬 이온' 배터리를 많이 사용하는데, 그보다 성능이 더 뛰어난 차세대 배터리도 연구가 진행 중이란다. 아직 연구중인 '리튬 황' 배터리는 성능이 몇 배나 더 뛰어나서 많은 로봇 공학자들이 빨리판매되길 기다리고 있지. 하지만 우리는 배터리가 아니라 '로봇'을 개발 중이니, 배터리는 이미 세상에 나와 있는 것을 최대한 활용하는 게 좋겠구나.

로봇의 감각 기관

◇◈◇◈◇

로봇도 우리처럼 세상을 보고 듣고 느끼는 감각 기관이 필요해요. 주변 환경을 잘 알아차리고, 인간과 원활하게 상호 작용을 하고, 복잡한 환경에서 안전하게 행동하기 위해서지요. 로봇의 사용 목적에 따라 필요한 센서를 알맞게 설치해 주면 작업의 정확도도 높아져 로봇의 성능을 높일 수 있답니다.

로봇의 눈·코·입

우선 사람의 눈처럼 주위 환경을 볼 수 있는 '카메라'가 있어요. 그리고 카메라와 함께 레이저 빛을 이용하는 '라이다'도 많이 사용해요. 레이저를 쏘아 보내고, 다시 돌아오는 시간을 계산해서 주변을 살피는 장치지요. '전파'로 거리를 감지하는 '레이더'를 사용하기도 해요. 주로 앞에 있는 장애물을 확인할 때 쓰인답니다. 또 사람의 귀에는 들리지 않는 소리인 '초음파 센서'를 설치할 수도 있어요. 자율 주행 로봇이나 드론이 주변 지형을 파악하는 데 유용한 센서예요. 주변의 열을 측정해서 물체를 감지하는 '적외선 센서'를 이용하는 방법도 있지요.

로봇의 위치를 확인할 때는 '인공위성 위치 확인 시스템GPS'을 이용할 수도 있어요. 먼 거리를 빠르게 움직여야 하는 로봇, 바퀴나 날개로 돌아다니는 이동형 로봇을 만들 때 자주 사용해요.

또 로봇의 코 역할을 하는 '화학 센서'도 있어요. 공기 중의 화학 물질을 감지하여 냄새를 인식하는데, 환경 모니터링과 안전 시스템을 관리하는 일에 주로 쓰여요.

로봇에게 촉각을 만들어 주는 방법도 있어요. '압력 센서'는 로봇의 발바닥이나 손끝에서 압력을 느끼는 장치예요. 똑바로 걷거나 물건을 잡을 때 도움이 되지요. 로봇 팔이나 손가락 그리퍼에 주로 쓰인답니다. '터치 센서'는 압력이나 전류, 정전기로 외부와의 접촉을 감지해요. 로봇의 표면에 장착해 사람의 접촉을 감지하고 반응할 수 있어요. 차갑거나 뜨거운 것을 느낄 수 있는 '온도 센서'도 있지요.

그리고 개인 서비스용 로봇의 경우 사람의 음성 명령을 받기 위해서 '음성 인식 마이크'가 꼭 필요하답니다.

로봇을 만들기 위해선 기계 장치만 잘 알면 되는 줄 알았는데, 전자 기기 기술도 굉장히 많이 공부해야 하네요.

로봇이 주위를 살피며 움직이려면 고성능 센서와 컴퓨터 시스템이 꼭 필요하거든. 로봇 전문가가 되려면 기계 공학은 물론 전자 공학, 물리학, 의학, 화학 등 다양한 분야를 공부해야 한단다. 그래서 사람들이 로봇 기술을 '종합 과학'이라고 부르는 거야.

로봇 설계도 그리기

○ ✳ ○ ✳ ○

로봇의 설계도를 그리는 과정은 아이디어를 현실로 바꾸는 흥미롭고도 중요한 작업이에요. 로봇의 기능과 사용 목적에 맞게 필요한 부품과 구조를 계획하고, 어울리는 디자인을 고민해야 하지요. 이제 로봇을 어떻게 설계하는지 자세히 알아보아요.

로봇 설계 과정

로봇의 설계는 크게 세 과정으로 나눌 수 있어요. 우선 만들고 싶은 로봇의 구조, 기능, 작동 원리 등을 보여 주는 '개념 설계도'를 그려요. 다른 말로 '계획 설계도'라고 부르는 경우도 있답니다. 이 개념 설계도는 구상 단계에서 그리는 것이에요. 로봇 공학자들은 이 자료를 보면서 미리 회의를 하고, 아이디어를 교환해요. 필요하다면 전 세계의 과학자들이 연구했던 학술 자료를 찾아보고 공부를 더 하기도 하지요.

그다음 해야 할 일은 설계도를 아주 정밀하게 그리는 일이에요. 이 과정은 '제도'라고 불러요. 모든 부품과 기계 장치, 골격 등의 모양과 크기, 성능 등을 빠짐없이 정리하여 아주 여러 장으로 된 복잡한 설계도를 그려야 한답니다.

로봇 공학자들은 이 설계도를 흔히 '초안', 혹은 '기본 설계도'라고 부르지요. 요즘은 컴퓨터를 이용해 3차원 입체 설계도를 만들기도 합니다. 부품 하나하나의 모양과 크기, 만드는 재료까지 모두 고민해서 정리해야 하지요. 그러면 기계 부품을 가공하는 전문가들이 이 설계도만 보고도 도면 그림과 똑같은 물건을 만들 수 있답니다.

어렵게 설계도를 완성했다고 해도 여기서 끝나는 경우는 거의 없어요. 초안을 바탕으로 부품을 준비하다 보면 문제점을 발견하거나, 더 좋은 생각이 떠올라서 설계를 수정하고 보완해야 하는 일이 생기기 마련이거든요. 설계는 로봇을 만드는 과정 동안 몇 번이고 고치게 된답니다. 이 과정을 거친 설계도를 보통 '수정본'이라고 불러요.

지금까지 공부한 걸 바탕으로 개념 설계도를 그려 봤어요. 하지만 이보다 정밀하게 그리는 건 너무 어렵고 복잡해요. 삼촌, 도와주세요!

로봇 설계는 흔히 캐드CAD라고 부르는 컴퓨터 설계용 프로그램을 사용하는 경우가 많아. 모든 부품의 수치를 일일이 결정하고, 그런 부품들을 제각각 어떻게 움직이게 할지 고민하면서 설계해야 하는 과정이나 정말 어렵지. 다행히 이 과정을 보다 쉽게 도와주는 전문 프로그램들이 있단다. CAD로 부품을 설계했다면, '솔리드웍스SOLIDWORKS' 같은 가상 현실 프로그램으로 그 부품들을 연결해 보고, 로봇을 완성했을 때 어떻게 움직이는지를 입체 영상으로 확인해 볼 수도 있지. 심지어 로봇 전문가들도 설계도만 전문적으로 그리는 '제도사' 분들의 도움을 받곤 하는걸. 토토가 만들 로봇의 진짜 설계도는 삼촌이 도와줄 테니 힘을 내 보자!

로봇 사양 정하기

✕ ✕ ✕ ✕ ✕

로봇 투투가 토토 대신 학교에 잘 다닐 수 있게 하려면 어떤 구조와 기능이 필요할까요? 크기와 디자인은 어떻게 하면 좋을지, 안전성은 어떻게 마련해야 하는지 여러 부분을 고민하면서 함께 로봇을 설계해 보아요.

토토가 그려본 '학교 가는 로봇' 개념 설계도

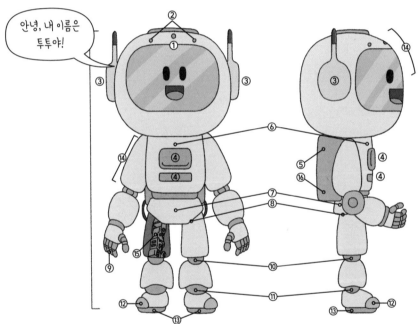

키 : 145센티미터   무게 : 43킬로그램

① 수업 화상 녹화용 카메라   ② 시각 카메라 2개   ③ 음성 녹음용 마이크 2개

④ 2대의 고성능 컴퓨터(데이터 처리용 1대, 운동 제어용 1대)   ⑤ 기본 배터리   ⑥ 배전기   ⑦ 균형 센서

⑧ 3축 골반 관절   ⑨ 압력 센서가 붙은 5개의 손가락   ⑩ 2축 무릎 관절   ⑪ 3축 발목 관절

⑫ 발가락 기능을 대신할 1축 관절   ⑬ 발바닥 전체에 압력 센서   ⑭ 몸체 플라스틱(ABS수지) 마감

⑮ 골격 : 알루미늄 합금   ⑯ 보조 배터리 추가 가능

어떤 점을 주의해서 설계해야 할까?

● 크기와 체형

토토의 키를 비롯한 신체 비율과 비슷하게 설계해요. 그러면 친구들과 눈높이가 비슷해서 자연스럽게 대화할 수 있고, 교실 환경에도 잘 적응할 수 있어요.

● 안정적인 움직임

학교 환경은 계단, 문턱, 의자 등 다양한 장애물이 있기 때문에 안정적으로 걷고 균형을 유지할 수 있게 해야 해요. 배터리 같은 무거운 부품은 중심에 가깝게 배치해 균형을 유지하고, 하체에는 장애물 감지 센서를 설치해 충돌의 위험을 막아요. 또한 책장을 넘기거나 필기를 하는 등 교실 활동에 필요한 동작을 하려면 움직임이 유연한 서보 모터와 제어 시스템으로 목, 팔, 손가락 등의 관절을 정밀하게 제어해야 해요.

● 안전하고 친근한 디자인

표면이 매끄럽고 충격을 흡수할 수 있는 부드러운 소재로 몸체를 감싸면 만일의 안전 사고에도 대비할 수 있고, 사람들에게 친근한 인상을 줄 수 있어요.

● 원활한 상호 작용 능력

머리에는 카메라와 마이크를, 목이나 가슴 부분에는 스피커와 음성 센서를 설치하여 사람들과 대화를 나눌 때 눈을 맞추고 자연스럽게 대화를 주고받을 수 있도록 해요. 또한 수업 시간을 방해하지 않고, 학교의 규칙을 잘 지키도록 프로그래밍해야 하지요.

이외에도, 로봇이 수집한 정보가 외부로 새지 않도록 하는 개인 정보 보안 기능과 관리 및 수리하기 쉬운 모듈형 구조, 고장이나 배터리 방전처럼 위급한 상황일 때 스스로 복구하거나 토토에게 비상 연락을 하도록 하는 긴급 시스템을 갖추는 것도 설계 단계에서 생각해야 해요.

3
× × ×

로봇 제작하기

로봇의 부품들

○❀○❀○

로봇을 만들기 위해서는 많은 부품이 필요해요. 그래서 로봇을 설계할 때 필요한 부품의 목록을 같이 만들어 두면 큰 도움이 되지요. 로봇의 몸속에 들어가는 각종 전자 장치나 모터 등은 온라인 상점이나 전자 부품 전문 상점에서 비교적 쉽게 구할 수 있어요. 하지만 로봇의 골격은 내가 원하는 형태와 기능을 가진 것을 찾기가 쉽지 않아요. 저마다 만들고 싶은 로봇의 모습이 다르기 때문이지요. 그래서 로봇 전문가들은 보통 뼈대는 직접 설계해서 만든답니다. 그럼 우리도 어떤 부품들을 어떻게 준비해야 하는지 알아볼까요.

전자 제어 부품

로봇 속 모든 부품을 직접 개발해서 쓰는 것은 어려운 일이에요. 부품을 하나하나 직접 만들어 쓰려면 많은 시간과 비용이 필요하니까요. 그래서 로봇 공학자들도 센서나 컴퓨터 같은 전자 부품들은 시중에 판매하는 것을 구매하는 편이지요.

가장 먼저 컴퓨터가 필요해요. 단순하고 작은 로봇이라면 '아두이노'나 '라즈베리파이'처럼 소형 교육용 컴퓨터로도 충분해요. 아두이노는 간단한 센서와 장치를 제어할 수 있는 소형 컴퓨터 보드로, 학교에서 과학과 로봇 수업용으로 많이 쓰여요. 라즈베리파이는 일반 컴퓨터처럼 쓸 수 있는 저렴한 소형 컴퓨터인데, 프로그램을 만들거나 로봇을 제어하는 데도 사용할 수 있어서 코딩을 배우고 싶은 학생에서부터 로봇 개발자까지 두루 사용한답니다.

하지만 고성능 로봇을 만들려면 높은 사양을 가진 컴퓨터가 있어야 해요. 요즘은 컴퓨터의 성능이 아주 좋아서, 집에서 사용하는 개인용 컴퓨터로도 충분한 경우가 많지요.

그리고 로봇의 팔과 다리 동작을 제어하고 명령을 전해 줄 '컨트롤러'가 필요해요. 컴퓨터에서 보내는 신호를 받아 모터나 유압 구동 장치에 신호를 보내는 전자 부품이거든요. 또 전자 기판

로봇도 '운영 체제'가 있다

집에 있는 컴퓨터를 켜 보면 보통 '윈도우Windows'라는 프로그램이 실행돼요. 애플 사의 '맥Mac'이라는 컴퓨터를 쓰는 친구는 '맥 오에스Mac os'라는 프로그램을 볼 수 있을 거예요. 이런 프로그램을 '운영 체제'라고 한답니다. 컴퓨터의 하드웨어와 소프트웨어를 관리하고, 사용자가 컴퓨터를 편리하게 사용할 수 있도록 도와주지요. 컴퓨터에 운영 체제가 없으면 컴퓨터는 그저 전기가 흐르는 기계 장치에 지나지 않거든요.

로봇도 마찬가지로 운영 체제가 필요해요. 대표적인 것으로 ROS알오에스, OpenRTM오픈 로보틱스 미들웨어, OROCOS오로코스 등이 있어요. 한국의 OPRoS오프로스도 많이 쓰여요. 이런 운영 체제를 로봇 속 컴퓨터에 설치한 다음, 필요한 기능을 추가로 개발해 로봇의 움직임을 제어하는 것이랍니다. 이런 로봇 운영 체제 중에는 '시뮬레이터'라는 기능을 제공하는 것도 있어요. 가상의 로봇을 조종해 보면서 미리 프로그램을 테스트하고 수정해 볼 수 있어 편리하지요. 완성한 프로그램은 진짜 로봇에 옮겨 설치할 수 있답니다.

이라고 부르는, 복잡한 전기 회로가 그려져 있는 부품도 준비해요. 그밖에 균형 센서, 압력 센서, 카메라 등 로봇의 감각 기관이 되어 줄 센서들도 필요하지요.

구동계 부품

로봇에 들어가는 '전기 모터'도 전문 회사의 것을 구입해서 쓰는 경우가 많아요. 모터에서 나오는 힘을 조정하는 '감속기'라는 부품도 필요해요. 자동차의 '변속기'와 비슷한 역할을 하는 부품이지요. 변속기는 엔진의 힘을 회전력으로 바꾸어 바퀴에 전달하는 일을 하는데, 로봇의 감속기 역시 모터의 힘을 로봇의 링크에 알맞게 전달해 팔과 다리 등을 자연스럽게 움직이게 합니다.

만약 유압식 로봇을 만들 계획이라면 여기에 알맞은 유압식 구동 장치가 필요해요. 하지만 이런 장치에 필요한 부품들은 금속을 정밀하게 깎아서 만드는 것이어서, 성능이 아주 뛰어난 것을 사는 것은 쉽지 않아요. 그래서 로봇 제작자들은 보통 부품 제조업체에 주문 제작해서 사용해요.

로봇을 개발하면서 반드시 직접 설계하고 제작해야 하는 부품은 바로 로봇의 뼈대, '프레임'이에요. 보통은 알루미늄 합금을 이용해서 만드는데, 가벼우면서도 튼튼하기 때문에 많은 로봇 제작자들이 즐겨 사용해요. 로봇 프레임은 설계도를 금속 가공 업체에 맡겨 제작하는 방법을 자주 이용합니다.

로봇 프레임을 설계할 때 가장 먼저 고려해야 할 것이 있어요. 바로 어떤 모터를 몇 개나 쓸 것인지예요. 발목과 손목, 팔과 다리, 목 등 로봇의 관절 부분에 연결할 모터를 결정한 다음, 부품이 들어갈 공간을 고려해 로봇의 골격을 설계해야 해요.

물론 로봇의 관절에 들어가는 모터가 많아질수록 움직임이 더욱 자연스러워져요. 하지만 문제는 무게랍니다. 모터의 무게만큼 로봇 팔과 로봇 다리의 무게가 무거워져서 점점 더 힘센 모터가 필요해지기 때문이에요. 그렇게 되면 로봇의 프레임을 강하고 튼튼한 소재로 써야 하고, 로봇도 더욱 크고 무거워지겠지요. 가벼우면서도 큰 힘을 내는 성능이 좋은 모터도 있지만, 모터 하나에 수백만 원이 넘을 만큼 가격이 아주 비싸다는 단점이 있어요. 그래서 로봇의 팔다리를 얼만큼 자연스럽게 움직이게 할 것인지를 결정하는 일은 로봇을 만들 때 아주 중요한 부분이랍니다.

　부품을 다 준비했다면 설계도대로 로봇을 조립해요. 설계도를 꼼꼼히 살피면서 엉뚱한 부품을 끼우지는 않았는지, 전기 회로를 제대로 연결했는지 몇 번씩 확인합니다. 전선을 잘못 연결하거나 조립 순서를 제대로 지키지 않았다가는 로봇을 시험해 보기도 전에 고장이 날 수 있으니까요. 그러니 조립을 다 마칠 때까지 차근차근 주의 깊게 작업하도록 해요.

와. 삼촌, 이 많은 부품을 다 어떻게 준비해야 해요? 어린이도 쉽게 구할 수 있는 부품들은 없을까요?

요즘에는 온라인으로도 얼마든지 필요한 부품을 구매할 수 있어. 하지만 가격이 비싼 부품은 삼촌의 연구소에서 있는 것들을 빌려 쓰면 되지 않을까?

로봇 제어법

○ ● ○ ● ○

조립이 끝나면 로봇의 몸체, 즉 '하드웨어'를 만드는 과정은 끝이 납니다. 그다음 준비해야 할 것은 '소프트웨어'예요. 로봇이 움직이도록 명령을 내리고 동작을 제어할 수 있는 프로그램을 설치해 주는 일이에요. 이렇게 하면 로봇에게 일을 시킬 기본적인 준비가 끝나지요.

로봇의 지휘자, 제어 보드

제어 보드는 로봇의 뇌에 해당하는 부분으로 로봇의 동작과 기능을 관리하고 결정하는 일을 해요. 센서로 주변 환경을 파악하고, 모터와 액추에이터 등을 정밀하게 조절해 로봇을 움직여요. 마치 오케스트라의 지휘자가 각 악기의 연주를 조율하는 것처럼요.

제어 보드는 복잡한 전기 회로가 그려진 얇고 네모난 전자 기판에 여러 센서와 전자 부품이 붙어 있는 형태예요. 센서들이 외부 환경을 감지해서 정보를 전달해 주면 연결된 모터와 액추에이터에 작동 신호를 보내지요.

로봇의 제어 보드는 보통 몸체에 설치해요. 외부 충격이나 먼지로부터 보호하고, 유지 보수를 하기 좋은 위치이기 때문이랍니다.

스스로 움직이게 해 볼까?

수동으로 움직이는 기계는 사람이 기계 장치의 스위치를 손으로 일일이 조작해 줘야 해요. 기계 팔의 팔꿈치를 구부리고 싶으면 1번 스위치를, 펴고 싶으면 2번 스위치를 누르는 식으로요. 굴착기 같은 장비는 이런 방법으로 조종하지요.

그러나 로봇은 달라요. 사람이 명령을 내리면 스스로 움직여 일을 해요. 로봇 속 컴퓨터가 상황을 판단하고 주어진 명령을 따르게 하기 때문이에요. 대신 컴퓨터가 이해할 수 있는 언어로 명령을 내려야 하는 조건이 있어요. 보통 기계 장치를 제어할 때 많이 쓰는 C언어를 써서 명령문을 만들지요. 인공 지능 로봇을 만들 때는 '파이썬python'이라는 언어로 작업하는 경우가 많아요. 이것을 바로 '코딩cording'이라고 합니다.

한마디로 코딩은 사람이 로봇에게 시키고 싶은 특정 명령을 C언어, 자바JAVA, 파이썬python 같은 프로그래밍 언어로 만들어 지시하는 과정이라고 할 수 있어요. 이처럼 코딩 작업을 모아 전체 프로그램을 짜는 것을 프로그래밍programing이라고 한답니다. 로봇을 만드는 것이 꿈이라면 위의 프로그래밍 언어를 미리 배워 두면 큰 도움이 될 거예요.

이렇게 만든 소프트웨어로 로봇에 원하는 명령들을 하나씩 만들어 넣어 주면 로봇이 명령대로 움직이는 모습을 볼 수 있지요!

순서도를 알면 로봇이 보인다

로봇을 코딩하려면 로봇의 작은 움직임까지 세심하게 순서를 정해 주어야 합니다. 예로 로봇에게 팔을 약간 움직이는 간단한 동작을 시킨다고 해 봐요. 사람에게는 식은 죽 먹기이지만, 로봇은 각 단계를 하나하나 정해 주어야만 문제없이 수행할 수 있어요. 이 과정을 먼저 기호로 그려 보면 좋아요. 그러면 어떤 순서로 코딩을 해야 할지 한눈에 알 수 있거든요. 이렇게 작성한 그림을 '순서도'라고 하지요.

로봇이 팔을 약간 움직이도록 하는 명령의 순서도는 아래와 같아요. 사람이 '시작' 명령만 내리면 로봇은 팔을 움직이는 과정을 모두 끝낸 뒤, 다음 명령을 기다리지요. 이런 과정을 더 길게, 더 복잡하게 만들면 로봇은 어떤 복잡한 일도 혼자서 척척 할 수 있을 거예요.

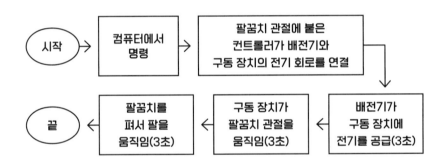

코딩을 할 때는 항상 순서도를 펴 두고, 내가 코딩하고 있는 부분이 어느 부분에 해당하는지 확인하는 습관을 들이는 것이 좋아요. 나중에 작업이 복잡해질수록 이 과정은 꼭 필요하답니다.

순서도 기호 알아보기

✕ ✕ ✕ ✕ ✕

기호	사용 예시	의미

단말 순서의 시작과 끝을 나타낸다.
(시작) (종료)

흐름선 기호를 연결하여 처리의 흐름을 나타낸다.
(시작)

준비 작업 단계 시작 전 해야 할 작업을 알린다.
a=0

처리 처리해야 할 작업을 알린다.
a=0

입력 데이터의 입력 또는 출력을 나타낸다.
a입력

출력 화면에 결과를 출력한다.
a입력

참True   거짓 False

판단 프로그램이 실행되는 두 가지 경로 중에 하나를 결정하는 조건부 실행을 나타낸다.
보통 예/아니오 질문이거나 참/거짓을 결정하는 단계이다.
a   b

반복
반복 정해진 범위 내에서 반복해서 처리해야 할 작업을 알린다.
a입력

로봇을 똑똑하게 만드는 기술

❍ ❀ ❍ ❀ ❍

공상 과학 영화 속 인공 지능 로봇처럼 우리 주변에서도 똑똑한 로봇을 볼 수 있어요. 로봇 청소기는 배터리가 부족하면 스스로 충전기까지 돌아오고, 하늘을 나는 비행 로봇은 가려는 곳의 좌표만 입력해 주면 자동으로 목적지를 찾아간답니다. 이런 똑똑한 로봇은 어떻게 만드는 걸까요?

조건문으로 로봇을 똑똑하게!

로봇에게 일을 시키려면 코딩이 필요하다는 사실은 이제 잘 알았을 거예요. 코딩에서 가장 많이 쓰이는 기본 명령어는 바로 'if~ else~ 조건문'과 'for 반복문'이에요. 이 두 가지만 알고 있어도 간단한 코딩을 할 수 있답니다.

그렇다면 if~ else~ 조건문을 직접 만들어 볼까요? 이 명령어는 "만약 ~라면 이렇게 해. 아니라면 저렇게 해."라는 뜻을 담고 있어요. 예로 학교 수업을 마치고 집으로 간다고 해 봐요. '선생님이 숙제를 내 주셨다'면, 집에 가서 숙제부터 해야 할 거예요. 하지만 숙제가 없다면 친구들과 축구를 하고 갈 수 있을지도 모르지요. 즉 조건인 숙제가 있고 없고에 따라 행동이 달라져요. 이걸 순서도로 만들어 보면 한눈에 쉽게 이해할 수 있어요.

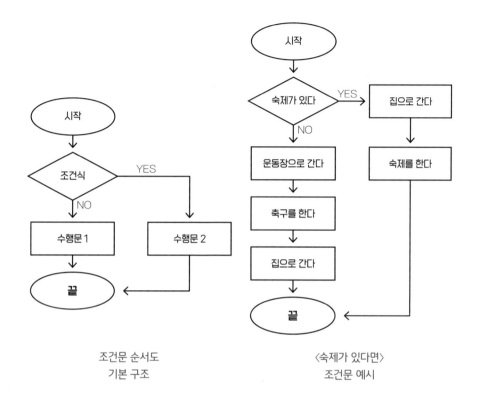

조건문 순서도
기본 구조

〈숙제가 있다면〉
조건문 예시

이처럼 조건문을 이용하면 로봇이 스스로 판단해서 일할 수 있도록 순서를 정해 줄 수 있어요. 그리고 그 순서를 하나의 규칙으로 만들어 줄 수 있지요.

보통 조건문으로 쓰는 명령어는 'if A do B else C'라는 순서로 적는데, "A라는 조건에 충족하면 B를 실행하고, 아니면 C를 실행한다."라는 뜻이랍니다. 여기서 '숙세가 있다'는 부분을 로봇이 명령을 실행할 때 필요한 조건으로 바꾸면 여러 가지 일을 시킬 수 있어요. 예를 들어 로봇이 학교로 가고 있는 도중에 장애물을 만나 더 이상 나아갈 수 없을 때에는 다른 길을 찾아 돌아가라고 시킬 수 있지요.

투투를 위한 조건문 만들기

× × × × ×

로봇 투투가 토토 대신 학교에 다니려면 다양한 상황에 적응할 수 있는 명령문이 필요해요. 학교까지는 어떻게 가야 할지, 수업 시간에는 어떻게 행동해야 할지, 또 예기치 않은 상황에서 어떻게 반응할지 등을 미리 예상하고 정해 주어야 하지요. 투투가 맡은 임무를 잘 수행할 수 있도록 필요한 명령문을 만들어 볼까요?

- 집에서 엘리베이터를 타고 1층으로 내려가기

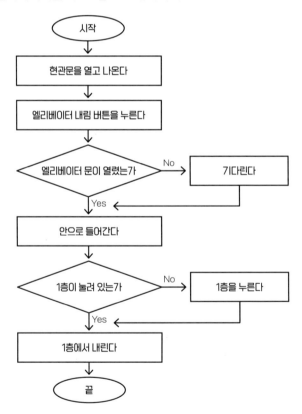

● 아파트 정문에서 학교 정문까지 가기

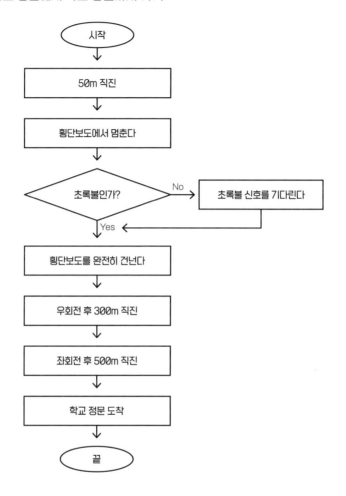

 순서도를 그릴 때 주의할 점이 있어!

● 흐름에 따라 위에서 아래로 또는 왼쪽에서 오른쪽으로 그려야 해.

● 기호의 내부에 처리해야 할 내용을 간단하고 정확하게 입력해야 해.

● 시작과 종료를 반드시 넣어야 해! 그렇지 않으면 순서도의 흐름이
어디서 시작해서 어디서 끝나는지 알 수 없어서 로봇의 동작에 오류가 생길 수
있어.

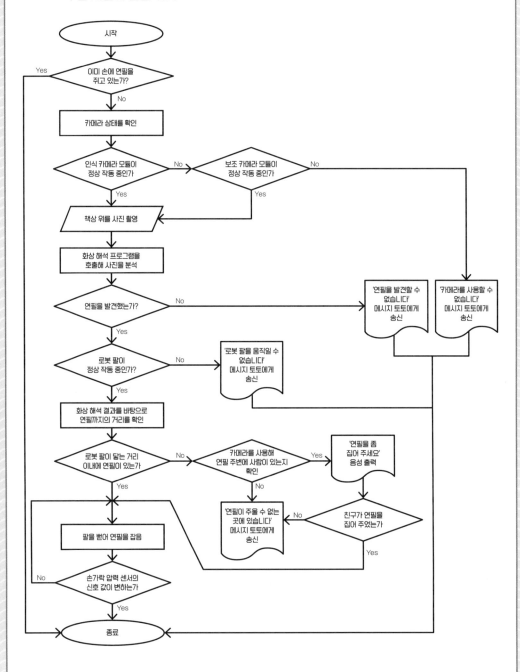

● 수업 시간에 연필 쥐기

시작

이미 손에 연필을 쥐고 있는가? → Yes

No

카메라 상태를 확인

인식 카메라 모듈이 정상 작동 중인가 → No → 보조 카메라 모듈이 정상 작동 중인가 → No

Yes ↓   Yes

책상 위를 사진 촬영

화상 해석 프로그램을 호출해 사진을 분석

연필을 발견했는가? → No → '연필을 발견할 수 없습니다' 메시지 토토에게 송신   '카메라를 사용할 수 없습니다' 메시지 토토에게 송신

Yes

로봇 팔이 정상 작동 중인가? → No → '로봇 팔을 움직일 수 없습니다' 메시지 토토에게 송신

Yes

화상 해석 결과를 바탕으로 연필까지의 거리를 확인

로봇 팔이 닿는 거리 이내에 연필이 있는가 → No → 카메라를 사용해 연필 주변에 사람이 있는지 확인 → Yes → '연필을 좀 집어 주세요' 음성 출력

Yes   No

팔을 뻗어 연필을 잡음   '연필이 주울 수 없는 곳에 있습니다' 메시지 토토에게 송신 ← No ← 친구가 연필을 집어 주었는가

No ↑   Yes

손가락 압력 센서의 신호 값이 변하는가

Yes

종료

여러분도 투투가 학교에서 수행해야 할 다른 작업들을 생각해 보고, 명령문을 조건문 순서도로 만들어 보세요.

❶ 학교 정문에서 3층 교실까지 찾아가기

❷ 토토 책상을 찾아서 의자에 앉기

❸ 모둠 수업 시간에 집에 있는 토토 호출하기

삼촌, 순서도를 직접 만들어 보니까 사람이 정말 대단하다는 게 느껴져요. 우리가 생각 없이 자연스럽게 하는 동작들까지 로봇에게 하나하나 설명해서 알려 주는 게 정말 쉽지가 않아요.

맞아. 로봇에게 연필을 집는 간단한 동작 하나를 시키려 해도 많은 것들을 생각해야 하지. 카메라로 위치를 확인하게 하고, 연필까지 정확한 거리로 팔을 뻗고, 손가락 관절을 구부리고, 적당한 압력으로 쥐는 것까지, 고려해야 할 것들이 엄청나잖아. 그래서 실제로 로봇에 사용하는 조건문은 최대한 정교하게 만들어야 한단다. 그렇지 않으면 로봇이 제대로 움직이지 못하거나, 명령을 수행하기 힘들어지지.

그렇지만 조건문에 정답은 없어. 일을 하는 순서나 중요도는 사람마다 다 생각이 다르거든. 그러니까 자기 나름대로 조건문을 꼼꼼하게 만들어 보는 연습을 많이 해 보는 게 좋아. 조건문을 미리 그려 보고, 머릿속으로 여러 번 실행해 보는 거야. 그러다 보면 부족한 부분이나 오류를 찾을 수 있어!

인공 지능 로봇이란?

◇✿◇✿◇

요즘 로봇은 인공 지능을 빼놓고 말하기 어려워요. 공장에서 물건을 옮기고 조립하는 산업용 로봇, 가정용 로봇 청소기, 공항의 서비스 로봇 같은 많은 로봇이 인공 지능 기술로 스스로 학습하고 문제를 고쳐 나가지요. 로봇은 어떻게 사람의 도움 없이도 똑똑하게 행동할 수 있는 걸까요?

수천 개의 조건문

컴퓨터가 인간처럼 스스로 학습을 할 수 있는 기술, 즉 '기계 학습'을 하도록 만드는 기술을 '인공 지능'이라고 해요. 인공 지능 프로그램을 설치하여 로봇이 스스로 학습하면 사람이 가르쳐 주지 않은 것도 혼자 판단하여 상황에 알맞은 동작을 하게 되지요.

그런데 알고 보면 기계 학습도 결국 컴퓨터에서 자동으로 if~ else~ 조건문을 만들어 그 명령을 따르는 것이랍니다. 인공 지능이란 사람이 미리 정해 준 규칙에 따라 굉장히 많은 조건문을 컴퓨터 소프트웨어가 자동으로 만드는 기술이라고 생각하면 돼요. 이처럼 조건문 방식은 미리 정해 놓은 한 가지 일을 시킬 때 굉장히 쓸모가 많아요. 로봇에게 일을 시킬 때 생길 수 있는 문제점들을 모두 정리한 다음, 조건문 수백, 수천 개를 연결해 주면 되거든요.

로봇 공학자들은 자신이 개발하는 로봇에 필요한 인공 지능 프로그램을 직접 개발하기도 해요. 하지만 보통 이미 있는 프로그램을 구매해서 로봇에 설치한 다음, 로봇에 필요한 명령어를 개발해 연결해 주는 방법을 자주 사용한답니다.

인공 지능을 잘 이용하면 '모든 일을 알아서 하는' 로봇을 만들 수 있겠네요! 엇, 그런데 너무 똑똑해져서 내 명령을 따르지 않겠다고 하면 어떡하지?

인공 지능은 기계 학습을 이용해 로봇을 더 똑똑하게 만드는 기술이란다. 하지만 기계 학습을 하는 데 필요한 조건이나 규칙 등은 결국 사람이 만드는 거야. 로봇이 인간의 명령에 반항하려면 스스로 생각을 할 줄 알아야 하는데, 다행히 아직 그런 인공 지능을 개발할 방법은 없어.

기계 학습

기계 장치인 컴퓨터가 사람처럼 '학습'을 한다고 해서 '기계 학습'이라고 불러요. 영어로는 '머신 러닝machine learning'이라고 하지요. 최신형 인공 지능을 개발할 때 빼놓을 수 없는 중요한 기술이에요. 사람이 책이나 자료로 얻은 지식을 여러 다른 분야에 적용시키는 것처럼, 컴퓨터에도 데이터들을 주고 학습시키면 상황에 맞는 판단을 스스로 할 수 있게 된답니다. 인간의 학습 능력을 모방하게 하는 것이지요.

기계 학습의 역사는 1950년대 처음 시작됐지만 그동안 큰 발전을 이루지 못했어요. 그러나 2000년대 중반, 사물 인터넷이 활성화되면서 엄청난 양의 데이터가 쌓이게 되었고, 이런 빅 데이터를 이용한 기계 학습이 다시 주목받게 됐답니다.

우리는 이미 일상에서 수시로 기계 학습을 경험하고 있어요. 도로 상황을 예측해 가장 빠른 경로를 알려 주는 교통 예측 프로그램이나 유튜브, 넷플릭스 같은 온라인 동영상 서비스 플랫폼에서 보여 주는 사용자 맞춤 추천 프로그램 등이 바로 그 예랍니다.

사람을 뛰어넘는 로봇이 등장할까?

사람처럼 생각할 수 있는 인공 지능을 우리는 '강한 인공 지능'이라고 불러요. 줄여서 '강 인공 지능'이라고도 하지요. 이런 인공 지능을 로봇 속에 넣어 주면 자기 스스로 목표를 정하고, 누군가 시키지 않아도 판단해서 일을 할 수 있을 거예요. 그런데 여기에 대해 '로봇이 너무 똑똑해져서 사람의 말을 듣지 않으면 어떡하지?', '로봇이 인간을 공격하면 어떻게 하지?'라고 걱정하는 사람들도 있어요.

다행스럽게도 이런 인공 지능은 아직까지 세상에 나오지 못했답니다. 가끔 자신이 그런 인공 지능을 만들었다고 이야기하거나, 또 보여 주는 사람들도 있는데, 전문가들의 의견을 종합해 보면, 사람들이 그렇게 믿도록 교묘하게 연출을 하는 경우가 대부분이라고 해요.

혹시라도 나쁜 마음을 먹은 어떤 공학자가 정말 그런 인공 지능을 만들어 내면 어떡하냐고요? 그것도 사실 현재로서는 불가능합니다. 지구상의 모든 동물 중 오직 인간만이 이처럼 높은 지능을 가지고 있습니다. 거기에 대한 어떤 과학적인 이유가 분명 있을 텐데, 사실 우리는 그 이유를 아직 알지 못합니다. 언젠가는 밝혀 낼지도 모르지만 얼마나 시간이 더 걸릴지 알 수 없는 일이에요. 알지도 못하는 것을 흉내 내 새로운 시스템으로 만든다는 것은 앞뒤가 전혀 맞지 않는 이야기랍니다. 그런 일은 더 먼 미래에, 인간 두뇌의 비밀이 충분히 밝혀진 다음에나 생각해 볼 일이 될 거예요.

하지만 최신 인공 지능 기술을 총동원하면 과거와 비교해 엄청나게 똑똑한 로봇을 개발하는 것은 가능해요. 대표적인 분야는 공장이 될 거예요. 예를 들어 인간형 로봇을 공장에 배치한다고 생각해 봐요. 이 로봇에 인공 지능을 설치해 준다면 굉장히 많은 일을 할 수 있어요. 사람의 손으로만 할 수 있던 세밀한 작업도 작은 집게나 로봇 손을 써서 할 수 있고, 로봇이 주위 환경을 파악하고 혼자 척척 알아서 일을 할 수도 있어요. 무거운 짐을 나르고, 작업 순서에 따라 사람의 일을 보조할 수도 있지요. 물론 사람처럼 일을 잘하지는 못할 거예요. 사람만큼 똑똑하기는 어려우니 판단 능력에 한계가 있을 테니까요. 하지만 로봇에게 어느 정도는 작업을 맡길 수 있다는 점에서 기존 산업의 틀을 깨는 큰 혁신이 될 거라는 평가가 많답니다.

　2024년 3월, 미국 로봇 기업 '피규어Figure'는 '피규어01Figure01'이라는 이름의 휴머노이드 로봇을 발표했어요. 그다음 유명한 대화형 인공 지능 '챗GPTChatGPT'를 이 로봇에 넣어 주었지요. 그러자 이 로봇은 사람의 말을 알아듣고 스스로 판단하고 움직일 수 있게 됐답니다. 인간이 "지금 뭐가 보이나"고 묻자 피규어 01은 "테이블 중앙에 있는 접시 위에 올려진 빨간 사과가 보인다"고 답했어요. 그리고 "당신인간은 테이블 위에 손을 얹고 가까이 서 있다"고 상세히 설명하기도 했고요. 이어 인간이 "뭘 좀 먹어도 되냐"고 묻자 "물론"이라고 대답하면서 사과를 집어 건네줬지요. 피규어01의 로봇 몸체 자체는 지금까지 등장한 많은 로봇과 큰 차이가 없어요. 하지만 이처럼 로봇에 고성능 인공 지능을 장착하면, 앞으로 인간과 자연스럽게 소통하면서 다양한 일을 할 수 있는 로봇들을 만날 수 있을 거예요.

두 발로 걷는 로봇

○ ○ ◉ ○ ○

로봇이 토토를 대신해 학교에 다니려면 두 다리로 걷는 보행 방식을 택하는 게 좋아요. 그러나 지금까지 개발된 휴머노이드 로봇 중 가장 뛰어난 것으로 평가받는 로봇들도 인간처럼 완벽하게 이동하지는 못합니다. 잘 넘어지거나 사람보다 느리게 걷고 계단, 빙판길, 비탈길 같은 곳을 안정적으로 걷기 힘들어하지요. 로봇이 두 발로 걷는 게 왜 어려운 일인지 알아보고, 어떻게 하면 잘 걷게 할 수 있을지 같이 고민해 보아요.

움직이기는 쉽지만 걷기는 어려워

로봇의 몸체를 완성했다고 해서 개발 과정이 끝나는 것은 아니에요. 사실 로봇을 조금씩 움직이게 하는 건 쉬워요. 팔과 다리의 모터 또는 유압식 구동 장치를 이용해 움직여 주기만 하면 되니까요. 하지만 로봇 혼자서 균형을 유지하며 걷게 만드는 것은 전혀 다른 이야기랍니다. 앞장에서 배운 기계 학습을 통한 자동화 기술을 이용해 로봇이 계속 균형을 잃지 않고 걸을 수 있게 해야 하거든요.

먼저 로봇을 사람처럼 잘 걷게 하려면 사람이 어떻게 걷는지 알아야 해요.

사람은 걸을 때 귓속에 있는 '세반고리관'이라는 기관으로 중심을 잡고, 두 발바닥의 압력을 느끼면서 신체의 균형을 끊임없이 조절하며 앞으로 나아갑니다. 허벅지 근육으로 무릎을 움직이고, 종아리 근육으로 발목을 움직이지요. 사람은 이런 일을 굳이 어렵게 생각하지 않습니다. 걸어가고 싶다면 몸을 움직여 저절로 자연스럽게 걸어가도록 신체 프로그래밍이 되어 있으니까요.

그러나 휴머노이드 로봇을 걷게 하려면 이 과정을 하나하나 명령어로 만들어 입력하는 아주 복잡한 과정이 필요하답니다.

휴머노이드 로봇이 앞으로 걸어가려면 몇 개나 되는 액추에이터를 조종해야 할까요? 로봇의 다리에 붙어 있는 관절은 보통 양쪽 발목 2개, 양쪽 무릎 2개, 양쪽 골반 2개, 허리 1개로 총 7개 정도 돼요. 이 관절 부위마다 구동 장치를 여러 개 연결해서 여러 방향으로 움직이도록 조종해야 하지요. 즉 로봇의 관절을 계속 움직여서 균형을 잡으며 걸을 수 있게 하는 '제어 프로그램'을 만들어야 합니다. 로봇 공학자들은 이 과정에서 '안정화'라는 기술을 사용해

모라벡의 역설

인간에게 쉬운 것은 컴퓨터에게 어렵고, 반대로 인간에게 어려운 것은 컴퓨터에게 쉽다?
미국이 로봇 공학자 한스 모라벡은 1970년대에 '모라벡의 역설'이라는 이론을 발표했어요. 보통의 인간은 걷고, 만지고, 보고, 듣고, 느끼고, 대화하는 데 큰 어려움을 느끼지 않아요. 그러나 복잡한 계산을 하거나 방대한 양의 정보를 정리할 때는 많은 시간과 에너지를 써야 하지요. 그런데 컴퓨터는 이와 반대예요. 수학적 계산, 논리 분석 같은 일은 순식간에 처리할 수 있지만 인간과 같은 운동 능력이나 감각을 갖추는 것은 매우 어려워요.
인간의 이러한 능력은 수백만 년 동안의 진화를 통해 얻게 된 산물로서, 현재까지의 기술로는 구현할 수 없는 원리가 담겨 있기 때문이지요.

요. 휴머노이드 로봇은 안정화 기능을 켜 둔 상태에서 한 발로 가만히 서 있을 수 있답니다. 중력의 방향을 센서로 확인하고, 누가 옆에서 밀어도 발목을 움직여 오뚝이처럼 중심을 제자리로 돌아오게 만드는 것이지요.

안정화 기술의 비밀

휴머노이드 로봇의 발목에는 앞뒤, 좌우 두 방향으로 움직일 수 있는 관절이 붙어 있어요. 그 윗부분은 로봇의 다리와 연결되어 있지요. 이 관절의 주변에 액추에이터를 2~3개 붙여 어느 방향으로 이동하든 재빨리 움직여서 균형을 잡을 수 있게 만들어요. 그리고 각종 센서도 함께 설치합니다. 발에는 압력을 느끼는 센서를, 몸통 어딘가_{보통 아랫배}에는 균형 센서를 넣어 주지요.

이렇게 안정화된 로봇은 한 발을 들어도 중심을 잡을 수 있어요. 같은 방법으로 양발을 교대로 안정화시키면서 다리를 옮겨 나가 보아요. '왼발 안정화 - 오른발 내딛기 - 두 발 안정화 - 오른발 안정화 - 왼발 내딛기 - 두 발 안정화 - 다시 왼발 안정화' 순으로 반복해서 걸어 나가는 것이지요.

생각보다 간단해 보인다고요? 하지만 로봇이 한 발 한 발 걸음을 옮길 때마다 자세를 잡고, 쉬지 않고 모터와 감속기를 제어해 중심을 맞추려면 아주 정밀한 기술이 필요해요.

로봇을 '걷게' 만들기 위해 안정화 기술을 개발한 것처럼, 로봇에게 다른 일을 시키려면 그때마다 새로운 기술 연구와 여러 방면에 있는 전문가들의 도움이 필요하답니다.

①
두 발로 안정적으로
선다.

②
한 발을 들어 올린다.
남은 한 발로
오뚝이처럼 중심을
잡는다.

③
들어 올린 발을
앞으로
내려놓는다.

④
무게 중심을 앞발로
옮긴 다음 다시
뒷발을 든다.

삼촌, 안정화 기술을 이용해도 어쩐지 투투의 걸음걸이가 불안하고 부자연스러워 보여요. 아, 내가 걷는 법을 가르쳐 줄 수 있으면 좋겠다!

제어 프로그램을 개발할 때 신경을 많이 쓰면 사람처럼 자연스러운 걸음걸이를 만드는 것도 불가능하지 않단다. 최근에는 사람처럼 계속 움직이면서 무게 중심을 잡는 '동적 안정화' 기술도 개발되고 있어. 센서를 이용해 움직임을 계속 감지하며 끊임없이 힘을 조절해야 하니 훨씬 정교한 제어가 필요하지.

로봇 테스트하기

로봇의 몸체하드웨어를 다 만들고, 로봇에게 명령을 내릴 수 있는 제어 프로그램소프트웨어도 설치하면 기본적인 로봇 제작이 끝이 납니다. 하지만 아직 기뻐하기는 일러요. 로봇이 어떤 상황에서든 잘 움직이는지 확인해 봐야 해요. 로봇은 목적을 가지고 움직이는 '기계'니까요. 그러니 제대로 일을 해낼 수 있는지 하나하나 시험해 보아요!

끝이 없는 테스트

만약 로봇이 제대로 움직이지 않는 부분이 있다면 프로그램을 수정해야 해요. 필요하면 설계를 바꾸고 부품을 다른 것으로 교체하며 계속해서 시험해야 하지요.

이때 주의해야 할 점이 있어요. 로봇이 넘어지거나 비정상적으로 작동할 경우 사람이나 주변 기기에 피해를 줄 수 있기 때문에 항상 조심해야 해요. 그래서 즉시 로봇의 움직임을 제어할 수 있는 시스템을 마련하고, 비상 정지 버튼도 준비해 두어야 합니다. 시험장 주변에 장애물이 없도록 정리해서 환경을 안전하게 만드는 것도 잊으면 안 되지요.

오랜 노력에도 불구하고 완성한 로봇의 성능이 기대에 못 미쳐 실망할 수도 있어요. 하지만 거기서 멈추지 않고 계속 공부하며 문제를 해결해 나가면 반드시 더 좋은 로봇으로 만들 수 있답니다.

한국에서 가장 유명한 휴머노이드 로봇 '휴보'의 시작도 마찬가지였어요. 첫 모델인 'KHR-1'은 2002년에 처음 만들어졌지만, 연구팀은 그 로봇을 포기하지 않고 끊임없이 실험하며 성능을 높여 갔어요. 그 결과 지금은 세계에서 가장 성능이 뛰어난 로봇 중 한 대가 되었답니다.

여러분도 로봇을 만들면서 여러 어려움에 부딪힐 때마다 이 이야기를 떠올리며 힘을 내길 바라요!

후아, 삼촌! 테스트를 해도 해도 새로운 문제점이 계속 나와서 너무 속상하고 힘이 빠져요.

투투를 보다 완성도 높게 만들려면 사람과 가장 가깝게 설계해야 하고, 더욱 정교한 동작 알고리즘을 개발해야만 해. 우리가 지금까지 해 온 작업들을 다시 하나하나 점검해 보면 분명 해결할 수 있어. 그러니까 기운 내 보자.
토토야, 멋진 결과물도 좋지만, 지금은 여러 시행착오를 거듭하며 완성해 보는 경험을 더 즐겨 보렴. 분명 네가 훌륭한 로봇 공학자가 되는 데 큰 도움이 될 거야.

도전, 세계 로봇 대회!

로봇을 좋아하고 창의적인 모험을 즐기는 여러분에게 멋진 소식이 있어요.
전 세계에는 여러분이 직접 참여할 수 있는 다양한 로봇 대회들이 열리고 있답니다.
용기 있는 도전으로 로봇 공학의 미래를 이끌어 갈 주인공이 되어 보세요!

세계 로봇 올림피아드 WRO, World Robot Olympiad

레고로 로봇을 만들고 프로그래밍할 수 있는 키트인 마인드 스톰 시리즈, ROBOLAB,
NXT, EV3를 사용하는 로봇 대회예요. 전 세계의 8~19세 청소년들이 참가할 수 있어요.
2004년 12개국 4000개의 팀을 시작으로, 19년이 지난 2023년에는 81개국 451개의 팀
이 출전한 아주 규모가 큰 국제 대회이지요.
참가자들은 로봇 공학을 통해 혁신적인 설계를 하고, 창의력을 가지고 문제를 해결하며,
과학적 지식, 수학적 능력을 활용하여 프로그래밍을 해요. 청소년들이 로봇을 만들면서
무엇보다 재미와 성취감을 느끼기를 적극 응원하는 대회랍니다.

퍼스트 레고 리그 챌린지
FLL, FIRST LEGO League Challenge

퍼스트 레고 리그는 미국 퍼스트 재단과 덴마크의 레고 에듀케이션이 손잡고 1998년부
터 개최하고 있는 세계 청소년 로봇 경진 대회예요. 창의적이고 혁신적인 공학자들을 키
우기 위해 만들어졌지요. 매년 약 110여 개의 나라에서 약 68만 명의 청소년들이 참여하
고 있어요. 각 나라의 대표 팀들은 레고 로봇 키트를 이용해 주어진 과제를 해결해야 한
답니다. 경쟁보다는 협력을, 결과보다는 과정을, 기능보다는 역량을 높이 평가하며 여러
분야의 개별 평가들을 종합해 최종 우승자를 가린다고 해요.

세계 로봇 월드컵 RoboCup

1997년 일본에서 처음 열린 이후 매년 세계 여러 나라에서 개최되는 로봇 축구 대회예요. 자율 주행 로봇들이 팀을 이루어 축구 경기를 펼치며 전략과 기술을 겨루지요. 축구 외에도 재난 구조 시뮬레이션 경연인 로보컵 레스큐, 가정 속 일상 과제들을 수행하며 대결하는 로보컵 홈 등의 여러 종목이 있어요. 초등학생부터 대학원생, 전문 공학자까지 다양한 연령대의 지원자들이 참가해 선의의 경쟁을 펼치고 로봇과 인공 지능의 기술 발전에 기여할 수 있게 장려하는 대회랍니다.

세계 로봇 축구 대회 FIRA RoboWorld Cup

1996년에 한국에서 처음 시작된 세계 로봇 축구 대회예요. 이 대회를 통해 참가자들은 로봇의 자율 주행, 센서 데이터 처리, 팀 전략 알고리즘 개발 등 다양한 기술을 연마할 수 있지요.
로봇 축구 외에도 자율 주행, 장애물 통과, 드론 비행 등 여러 대결 종목이 있답니다. FIRA 세계 로봇 축구 대회는 참가자들이 로봇 공학의 혁신적 기술을 선보이고, 국제적으로 협력하고 경쟁할 수 있도록 중요한 플랫폼 역할을 하고 있어요.

★다르파 세계 재난 로봇 경진 대회
DRC, DARPA Robotics Challenge

다르파 세계 재난 로봇 경진 대회는 2013~2015년 동안 미국 국방성 산하 고등 연구 계획국(DARPA)이 주최한, 세계 최고의 성능을 가진 재난 로봇을 가리는 대회였어요. 이 대회가 열린 것은 2011년 동일본 대지진 때 발생한 후쿠시마 원자력 발전소 사고 때문이었지요. 대회 과제는 사람이 접근할 수 없는 위험한 발전소 현장에 로봇이 들어가 냉각수 밸브를 잠그고 나오는 것이었어요. 참가 로봇들은 자동차를 운전하고, 험지를 걸어서 돌파하고, 사다리를 올라가 밸브를 잠그는 등의 어려운 과제들을 해결해야 했지요. 그리고 2015년 대회에서 한국 카이스트의 DRC 휴보가 1위, 미국 보스턴 다이내믹스의 아틀라스가 2위를 차지했답니다!

로봇과 함께할 일상

든든한 노인 돌봄 로봇

안전한 자율 주행 자동차

편리한 가사도우미 로봇

믿음직한 반려동물 돌봄 로봇

다가올 미래에는 지금의 스마트폰처럼 누구나 자신만의 로봇을 갖게 되는 세상이 올 거예요. 앞으로 달라질 우리의 생활, 같이 꿈꿔 볼까요?

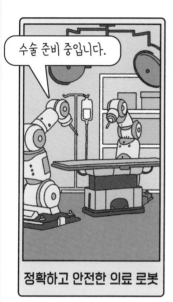

정확하고 안전한 의료 로봇

힘센 물류 운송 로봇

다정한 간병 로봇

다정한 학습 보조 로봇

최첨단 스마트 팜

친절한 로봇 식당

로봇 투투를 소개합니다!

◇❀◇❀◇

삼촌의 도움을 받아 드디어 로봇을 완성했어요. 사실 삼촌이 없었으면 여기까지 만들 수 없었을 거예요.

이 로봇은 아직 아장아장 걸어 다닐 수만 있어요. 장애물을 피할 때 실수도 자주 하고, 사람이 옆에서 도와줘야 할 때도 많지만, 분명 앞으로 점점 더 뛰어난 성능을 가진 로봇으로 거듭날 거예요. 왜냐면 제가 끝까지 포기하지 않고 꼭 그렇게 만들 테니까요. 여러분도 투투가 더 멋진 로봇으로 성장할 수 있게 응원해 주세요!

여러분. 제가 만든 로봇 어떠셨어요?
아직 어설프고 아기처럼 아장아장 걷지만 언젠가는 꼭 저 대신 학교를 갈 수 있을 정도로 성능을 더 뛰어나게 만들 거예요. 꼭 지켜봐 주세요!

여러분, 상상을 현실로 만든 토토, 정말 대단하지요?
로봇을 만드는 일은 아주 어렵고 힘든 과정이지만 그만큼 보람과 기쁨도 더 큰 일이랍니다. 힘들고 어려운 일을 척척 대신해 주는 로봇은 이제 정말 우리 삶 가까이로 다가왔어요. 로봇에 대한 꿈과 열정이 가득하다면 여러분도 멋진 로봇 공학자가 될 수 있을 거예요!

찾아보기

- **개념 설계도**
  만들려는 물건이나 시스템의 기본 아이디어를 그림이나 간단한 도면으로 표현한 것. 개념 설계도를 통해 전체적인 모양과 작동 방식 등을 알 수 있다. 쉽게 말해 레고로 무언가를 만들기 전에 미리 그림을 그려 보는 것과 같다.

- **구동 장치**(액추에이터)
  공기압, 유압, 전기와 같은 에너지를 이용하여 대상물을 움직이거나 제어하는 데 쓰이는 기계.

- **국제표준화기구**(ISO International Organization for Standardization)
  각종 제품과 서비스의 품질, 안전, 신뢰성, 효율성 등에 관한 국제 표준을 개발하고 조정하여 표준화하기 위해 설립됐다. 지적·과학적·기술적·경제적 분야에서 국제간의 협력을 도모하는 비정부 기구.

- **나노 기술**
  머리카락보다 10만 배 작은 크기인 10억분의 1미터 단위의 원자와 분자를 다루는 기술. 이 기술로 물질의 성질을 바꾸거나 인체에 약을 정확하게 전달하는 등 다양

한 일을 할 수 있다.

- **라즈베리파이**
  라즈베리파이 재단에서 만든 저렴한 소형 컴퓨터. 프로그래밍과 다양한 프로젝트에 사용할 수 있어 로봇, 게임기, 스마트홈 장치 등 다양한 기술을 직접 만들고 배울 수 있다.

- **리튬 이온 배터리**
  스마트폰, 노트북, 전기차 등 다양한 기기에 널리 쓰이는 충전 가능한 전지. 높은 에너지 밀도 덕분에 가볍고, 많은 양의 전기를 저장할 수 있는 것이 장점이다. 하지만 충전을 너무 오래하거나 충격을 받을 경우 폭발 등의 위험이 있어 주의가 필요하다.

- **무한궤도**
  탱크나 굴착기 등의 무거운 차량이 진흙탕이나 험한 지대를 쉽게 이동할 수 있도록 만든 특수 주행 장치. 금속으로 된 판을 연결해 벨트처럼 만든 것을 앞뒤 바퀴에 걸친다.

- **반도체**
  온도에 따라 전기가 잘 통하기도 하고 안 통

하기도 하는 물질. 컴퓨터나 스마트폰의 핵심 부품으로 쓰인다. 반도체 칩 안에서 전자 신호를 처리해 다양한 작업을 할 수 있다.

- **배전기**
  발전소에서 만든 전기를 각 가정이나 건물로 안전하게 나눠 주는 장치. 전기를 필요한 곳으로 보내고, 필요 이상 많은 전류가 흘러 과부하가 걸리면 전기를 차단해 문제가 생기지 않도록 한다.

- **빅 데이터**
  디지털 환경에서 만들어지는 엄청난 양의 문자, 숫자, 동영상 등의 모든 정보들. 이 데이터를 분석하면 사용자의 행동, 취미, 생각 등을 예측할 수 있어, 빅 데이터를 분석하여 이를 공공 또는 상업적으로 활용하는 산업이 국가 경쟁력이 되고 있다.

- **사물 인터넷**
  다양한 전자 기기들이 인터넷으로 연결되어 정보를 주고받게 하는 기술. 그 예로 스마트폰으로 집 안의 조명이나 온도 조절, 냉장고 상태 확인 등을 원격으로 획인할 수 있다.

- **생체 모방 로봇**
  동물이나 식물의 구조, 움직임의 특성을 응용하여 더 효율적으로 동작할 수 있게 만든 로봇. 생체 모방 로봇은 환경에 더 잘 적응하고, 인간이 해결하기 어려운 문제를 처리하는 데 도움을 줄 수 있다.

- **세반고리관**
  속귀(내이) 안에 있는 반원 모양의 관. 각각 다른 방향으로 기울어져 있는 세 개의 관 속에 림프액이 차 있는데, 이 액체의 움직임으로 몸의 방향이나 평형 감각에 대한 정보를 뇌에 전달한다.

- **소프트웨어**
  컴퓨터나 스마트폰에서 실행되는 프로그램이나 앱. 하드웨어와 달리 보이는 형태는 없지만, 기기에서 다양한 기능을 가능하게 해 주는 중요한 역할을 한다.

- **실린더**
  보통 기계 장치나 엔진에서 연료와 공기가 혼합되어 연소가 일어날 때, 이 폭발 압력으로 움직이는 힘을 만드는 공간을 말한다. 유압식 구동 장치의 실린더는 내부에 기름이 채워져 있으며, 기름에 압력이 가해지면 내부 피스톤을 밀어내면서 큰 힘을 만든다.

- **아두이노**
  작은 컴퓨터 보드로, 센서와 모터를 연결해 다양한 전자 장치를 만들 수 있다. 프로그래밍으로 로봇, 조명, 자동화 시스템 등을 제어할 수 있고, 초보자도 손쉽게 실험하고 배울 수 있는 도구이다.

- **안장 조인트**

  모양이 말 안장과 비슷한 조인트. 두 물체가 연결되어 있지만, 서로 다른 방향으로 움직일 수 있다. 사람의 엄지손가락 관절이 안장 조인트에 속한다.

- **알고리즘**

  어떤 문제를 해결하기 위한 절차나 방법 또는 그런 명령어들을 모아 놓은 것. 음식 조리법도 알고리즘의 일종이다. 알고리즘을 알기 쉽게 기호와 그림으로 나타낸 것을 '순서도'라고 한다.

- **원격 대화**

  인터넷을 통해 서로 다른 장소에서 실시간으로 소통하는 방식. 스마트폰이나 컴퓨터로 화상 통화, 채팅 등을 하면서 직접 만나지 않고도 대화할 수 있다.

- **인공위성 위치 확인 시스템**(Global Positioning System)

  지구 주위를 도는 4개 이상의 인공위성으로부터 나오는 전파를 분석하여 사용자에게 '현재 위치'를 실시간으로 알려 주는 시스템.

- **인공 지능**

  인간처럼 사고하고 학습하는 능력을 컴퓨터 프로그램으로 실현한 기술. 컴퓨터나 기계가 사람처럼 생각하고 학습하여 스스로 판단하고 행동하게 한다.

- **자바**(JAVA)

  컴퓨터 프로그램을 만들 때 사용하는 프로그래밍 언어의 하나. 비교적 쉽게 배울 수 있고, 다양한 기기에서 사용할 수 있다. 웹사이트, 앱, 게임 등 여러 소프트웨어를 만드는 데 쓰이며, 코드 한 번으로 여러 플랫폼에서 실행할 수 있는 장점이 있다.

- **자율 주행 자동차**

  운전자나 승객의 조작이 없이도 스스로 목적지까지 운행이 가능한 자동차. 센서와 카메라로 주변을 인식하고, 인공 지능이 상황을 분석해 승객 또는 화물을 안전하게 이동시켜 준다.

- **전자석**

  전류가 흐르면 자석의 성질을 띠고, 전류를 끊으면 원래의 상태로 돌아가는 일시적 자석.

- **조인트**

  두 개의 부품을 연결하여 구부러지거나 회전할 수 있게 해 주는 장치. 기계나 로봇에서 다양한 움직임을 만들 때 사용된다.

- **지능형 로봇**
  인공 지능을 탑재하여 인간처럼 주변을 인식하고, 학습하며, 스스로 판단하고 행동할 수 있는 로봇. 산업 현장, 의료 분야, 서비스 분야 등 다양한 산업 분야에서 쓰이며 사람의 일을 더욱 안전하고 효율적으로 만들어 준다.

- **컨트롤러**
  컴퓨터나 전자 기기의 중앙에서 다양한 기능을 제어하는 장치. 게임 컨트롤러는 게임에서 캐릭터를 움직이게 하고, 로봇의 컨트롤러는 로봇의 움직임과 작업을 조정한다. 즉, 컨트롤러는 기기나 시스템을 조작하고 관리하는 중요한 역할을 담당한다.

- **코딩**
  컴퓨터와 다양한 전자 기기에게 원하는 작업을 수행하도록 지시하는 과정. 컴퓨터가 이해할 수 있는 특별한 프로그래밍 언어를 사용해 명령어를 작성한다. IT, 게임 개발, 데이터 분석, 인공 지능 등 나양한 분야에서 코딩 기술이 쓰이고 있다.

- **파이썬**
  코드가 간단하고 읽기 쉬워서 초보자부터 전문가까지 애용하는 프로그래밍 언어. 웹 개발, 데이터 분석, 인공 지능 연구 등 여러 분야에 걸쳐 널리 쓰이고 있다.

- **평면 조인트**
  두 물체가 평면으로 연결되어 접촉한 면을 따라서만 움직일 수 있는 조인트. 사람의 척추 관절이 여기에 속한다.

- **프로그램**
  컴퓨터가 특정 작업을 수행하도록 지시하는 명령어 모음. 프로그램은 코드로 작성되며, 컴퓨터가 이해하고 실행할 수 있도록 도와준다.

- **한스 모라벡**(Hans Moravec)
  로봇 공학과 인공 지능 분야의 전문가. 로봇과 인간의 미래, 인공 지능의 발전에 대한 비전을 제시하며, 로봇과 인공 지능의 발전이 인류에 미치는 영향에 대해 깊이 탐구하는 학자다. 유명한 이론으로 '모라벡의 역설'이 있으며, 그의 연구는 로봇 공학의 이론적 기초를 다지는 데 큰 역할을 하고 있다.

- **휴머노이드**
  머리·몸통·팔다리 등 인간의 신체와 비슷한 형태를 지닌 로봇. 사람의 외모와 동작, 지능을 닮도록 설계되어 인간의 행동을 가장 잘 모방할 수 있고, 인간을 대신하거

나 인간과 협력하여 다양한 서비스를 제
공할 수 있다

● **회전형 조인트**
연결된 두 물체 중 한쪽이 다른 쪽을 중심
으로 회전할 수 있게 하는 조인트. 문의 경
첩, 시곗바늘, 프로펠러 등이 회전형 조인
트에 속한다.

● **C언어**
컴퓨터 프로그래밍에서 매우 중요한 언어
로, 효율적이고 빠른 실행 속도를 자랑한
다. 1970년대 초에 개발된 이후, 프로그래
밍 언어의 기초가 되어 많은 현대 프로그
래밍 언어들이 C언어의 문법과 개념을 참
고하고 있다.

사진 출처

- **21쪽**

  테슬라 전기 자동차 공장 조립 라인
  ⓒflicker_Steve Jurvetson

  쿠카 산업용 로봇
  ⓒWikipidia By Vasyatka1

  아미로
  ⓒ한국 기계 연구원

- **22-23쪽**

  다빈치 수술 로봇
  ⓒWikipidia By Nimur

  큐리오시티
  ⓒWikipidia By NASA

  트릴로바이트
  ⓒWikipidia By Patrik Tschudin

- **29쪽**

  아틀라스
  ⓒGettyimage Korea

  아시모
  ⓒWikipidia By Vanillase

  DRC 휴보
  ⓒKAIST

  옵티머스
  ⓒTesla

- **30-31쪽**

  스팟
  ⓒ한국 산업 단지 공단

  자동 검체 채취 로봇

ⓒ한국 기계 연구원

자율 주행 UV-C 방역 로봇
ⓒUVD ROBOTS

- **38-39쪽**

  굴착기
  ⓒWikipidia By kallerna

  빅독
  ⓒWikipidia By DARPA

- **43쪽**

  서산시-교촌F&B 드론 배송 시연회
  ⓒ서산시청

- **44-45쪽**

  휴보2 설계도
  ⓒKAIST

  빅독
  ⓒWikipidia By DARPA

- **46-47쪽**

  크랩스터 200
  ⓒ한국 해양 과학 기술원

  스티키봇
  ⓒWikipidia By Douglasy

  리머
  ⓒNASA

인공 지능 연구와 로봇 공학 분야에서 뛰어난 학자인 피터 노빅은
로봇 공학에 대해 이렇게 말했어.
"우리는 인간을 대체하려는 것이 아니라, 인간을 확장하려는 것이다."
"We are not trying to replace humans, we are trying to augment them."

로봇을 향한 너의 빛나는 호기심과 상상력이 세상을 아름답게 만들 거야!